U0277995

本书出版得到国家社会科学基金重大项目“生态文明建设背景下自然资源治理体系构建：全价值评估与多中心途径”（项目批准号：15ZDA052）、陕西省社会科学基金年度项目“‘两山’理念下陕西秦岭生态保护补偿机制优化研究”（立项号：2021R013）资助。

农业面源污染治理生态补偿政策研究

A STUDY OF
ECOLOGICAL COMPENSATION POLICY
FOR AGRICULTURAL NON-POINT SOURCE
POLLUTION CONTROL

李晓平 赵敏娟 著

图书在版编目（CIP）数据

农业面源污染治理生态补偿政策研究 / 李晓平，赵敏娟著. -- 北京：社会科学文献出版社，2024.3
ISBN 978-7-5228-3198-5

Ⅰ.①农… Ⅱ.①李… ②赵… Ⅲ.①农业污染源-面源污染-污染防治-生态环境-补偿机制-研究-中国 Ⅳ.①X501

中国国家版本馆 CIP 数据核字（2024）第 024417 号

农业面源污染治理生态补偿政策研究

著　　者 / 李晓平　赵敏娟

出 版 人 / 冀祥德
组稿编辑 / 刘　荣
责任编辑 / 单远举
责任印制 / 王京美

出　　版 / 社会科学文献出版社（010）59367011
地址：北京市北三环中路甲 29 号院华龙大厦　邮编：100029
网址：www.ssap.com.cn
发　　行 / 社会科学文献出版社（010）59367028
印　　装 / 三河市尚艺印装有限公司

规　　格 / 开　本：889mm × 1194mm　1/32
印　张：8.5　字　数：206 千字
版　　次 / 2024 年 3 月第 1 版　2024 年 3 月第 1 次印刷
书　　号 / ISBN 978-7-5228-3198-5
定　　价 / 99.00 元

读者服务电话：4008918866

目　录
Contents

第一章　导言

1.1　研究背景

20世纪后半叶以来，在经济发展、人口剧增和居民消费结构升级等因素驱动下，农业生产强度不断增加，化工产品投入量、畜禽粪便排放量等骤增，随之产生了严重的农业面源污染问题（Phong et al.，2012；侯孟阳、姚顺波，2019；秦天等，2021）。农业面源污染指在农业生产过程中，农业污染物（如氮、磷、农药及其他有机或无机污染物质）通过地表径流、农田排水、挥发与近距离沉降和地下渗漏等方式进入水体造成的水环境污染（张维理、武淑霞、冀宏杰、kolbe，2004）。典型的农业面源污染具有多界面（水、土、气）、多过程（迁移、淋溶、挥发）、多尺度（田块、流域、区域）等特点，因此农业面源污染具有来源复杂、分散性、隐蔽性和随机性等特征，这就造成污染物流失量难以直接监测、流失过程难以追踪、最终对水质的负荷难以定量等问题。来自世界各国的经验表明，农业面源污染问题已成为全球水污染与土地退化的主要根源。2003年，美国环保局的环境调查报告显示，农业面源污染已成为美国河流和湖泊的第一大污染源，不仅导致约40%的河流和湖泊水质下降，还进一步加剧了地下水污染和湿地退化（US Environmental Protection Agency，2003）。荷兰的农业氮、磷污染负荷分别占其水体总污染量的60%和50%（Boers，1996）；日本50%以上的水体污染是由农业面源污染引起的，其河流的监测系统显示，稻田常用的几种农药残留物在河流中严重超标（Ichiki and Yamada，1999；Phong et al.，2012）；新西兰耕地面积占全国土地面积60%以上，研究显示其湖泊中的总氮和总磷含量超过水质标准，农业面源氮、磷分别占比82%和43%（Caruso et al.，2013）。

我国的农业面源污染形势也十分严峻。统计数据表明，农业面源污染已经成为我国水体污染的重要来源（金书秦、武岩，2014；罗小娟、冯淑怡、Reidsma Pytrik、石晓平、曲福田，2013）。2010年《第一次全国污染源普查公报》显示，农业面源污染已成为第一大污染源。《2015中国环境状况公报》显示，2015年全国六成以上的地下水水质较差，来自化肥、农药和农业废弃物的氮、磷和其他有机与无机污染物是造成地下水污染如此严重的主要原因。

在农业面源污染全球化背景下，如何打好农业面源污染防治攻坚战成为学界和政界关注的热点问题。中国共产党第十九次全国代表大会和2017~2022年历年中央一号文件都明确提出，要着力推进农业农村绿色发展，加强农业面源污染综合治理，深入推进农业投入品减量化，加强禽畜粪污资源化利用，推进农膜科学使用回收，支持秸秆综合利用。鉴于当前严峻的污染形势，实施农业面源污染治理已成为实现可持续发展和推进生态文明建设的必然要求。1993年《中华人民共和国农业法》首次以国家大法的形式提出“农业生产经营组织和农业劳动者应当保养土地，合理使用化肥、农药，增加使用有机肥料，提高地力，防止土地的污染、破坏和地力衰退”。近年来，农业面源污染防治已成为党和政府工作的重点，2006~

2017年的一号文件《关于深入推进农业供给侧结构性改革加快培育农业农村发展新动能的若干意见》明确提出要控制化肥、农药的使用，加强农业面源污染治理。2015年《农业部关于打好农业面源污染防治攻坚战的实施意见》提出到2020年实现控制农业用水总量，减少化肥、农药使用量，化肥、农药利用率均达到40%以上，全国主要农作物的化肥、农药使用量实现零增长，实现禽畜粪便、农作物秸秆、农膜基本资源化利用的“一控两减三基本”目标任务。该意见正式打响了农业面源污染治理攻坚战。尽管我国各级政府为防治农业面源污染做出了一系列努力，但在实践中，由于农业面源污染的分散性、潜伏性、不易监测性以及难监督等特点，政府强制性的农业面源污染治理措施效果并不显著，我国单位面积的化肥、农药施用量仍远高于世界平均水平（匡丽花等，2018）。

实践经验表明，农业面源污染治理最直接有效的方式是在生产环节减少化肥、农药的使用和农业废弃物的排放（饶静、许翔宇、纪晓婷，2011；罗小娟、冯淑怡、Reidsma Pytrik、石晓平、曲福田，2013），但农户参与不足使得源头控制技术推广陷入困境，也阻碍了我国农业面源污染治理的进程。造成这一问题的主要原因在于，少施化肥、农药和进行农业废弃物回收等措施不仅会造成农业减产减收（葛继红、周曙东，2012；张印等，2012），而且会额外耗费农户的资金和劳动（贾秀飞、叶鸿蔚，2016），治理的经济成本、机会成本和发展成本较高，因而农户缺乏参与农业面源污染治理的主动力。

为解决上述难题，学者们将目光投向了生态补偿政策，并对此展开了一系列研究。生态补偿的本质是在“谁保护补偿谁”“谁受益谁补偿”的原则下，通过效益再分配的方式，均衡生态保护者和受益者之间的成本效益、激励生态保护者的生态补偿行为，进而实现生态环境保护和社会经济的协调发展。从实施层面而言，解决资源外部性问题的常用手段是政府作为全社会的代表，对生态保护者给予一定经济补偿，弥补其进行环境保护的经济损失（袁伟彦、周小柯，2014）。相对于传统强制性的行政命令而言，生态补偿的优势在于运用经济激励的手段调节利益相关主体间的福利分配，激励生态保护者主动采取相关保护行为（李惠梅、张安录，2013；范明明、李文军，2017）。

生态补偿在生态保护方面的积极作用已得到国家层面的关注与支持。生态补偿已经从单纯的生态经济学概念演变为一种社会经济制度（佘海、任勇，2008），2008 年《中共中央关于推进农村改革发展若干重大问题的决定》中明确指出“健全农业生态环境补偿制度，形成有利于保护耕地、水域、森林、草原、湿地等自然资源和农业物种资源的激励机制”。2012 年党的十八大报告提出，针对生态系统退化、环境污染严重、资源约束趋紧的严峻形势，积极推进生态文明建设，建立反映市场供求和资源稀缺程度、体现生态价值和代际补偿的生态补偿制度。2014 年修订的《中华人民共和国环境保护法》第 31 条明确规定，国家建立和健全生态保护补偿制度，指导受益地区和生态保护地区人民政府通过协商或者按照市场规则进行生态保护补偿；同年《中共中央　国务院关于全面深化农村改革加快推进农业现代化的若干意见》中明确提出“支持地方开展耕地保护补偿”。2016 年 3 月召开的中央全面深化改革领导小组第二十二次会议明确强调了“探索建立多元化生态保护补偿机制”，“逐步实现森林、草原、湿地、荒漠、海洋、水流、耕地等重点领域和禁止开发区域、重点生态功能区等重要区域生态保护补偿全覆盖”。2016 年 5 月，《国务院办公厅关于健全生态保护补偿机制的意见》出台，强调“牢固树立创新、协调、绿色、开放、共享的发展理念，按照党中央、国务院部署，不断完善转移支付制度，探索建立多元化生态保护补偿机制，逐步扩大补偿范围，合理提高补偿标准，有效调动全社会参与生态环境保护的积极性，促进生态文明建设迈上新台阶”。2018 年 12 月 28 日，国家发展改革委、财政部、水利部、生态环境部、自然资源部、农业农村部等部门联合印发的《建立市场化、多元化生态保护补偿机制行动计划》中明确提到 2020 年初步建立市场化、多元化生态保护补偿机制，初步形成受益者付费、保护者得到合理补偿的政策环境。就目前政策实施情况来看，这些政策措施多是原则性、指导性的，实践中尚未形成完善的农业面源污染治理生态补偿机制，确定合理可行的补偿标准和补偿方式等内容还有待商榷。

除了政界，学界也对生态补偿的环境保护功能寄予厚望。从经济学角度分析，耕地保护难的根源在于缺乏外部性内部化的有效渠道（曹瑞芬、张安录，2014），即本书所研究的生态补偿。为有效解决我国耕地保护生态补偿机制的缺位问题，何琼和杨敏丽（2015）呼吁尽快建立符合我国基本国情的耕地保护生态补偿机制；牛海鹏和张安录（2009）提出将建立耕地保护生态补偿机制作为保护耕地资源的重要手段；蔡银莺和张安录（2010）的研究则认为探索和建立符合我国基本国情国力的农田生态补偿机制已迫在眉睫。

综上所述，用生态补偿解决环境保护正外部性问题的观点已经得到社会各界的普遍认同，然而现行补偿政策的缺失阻碍了农业面源污染治理的进程。究竟该如何设计既能实现对农户的激励约束又能实现全社会福利最大化的农业面源污染治理生态补偿政策，尚未有明确答案。据此，本书将从以下几个方面展开讨论。第一，农业面源污染治理中利益相关者和全社会的福利发生了怎样的变化？生态补偿在福利分配中发挥了怎样的作用？正确识别农业面源污染治理生态补偿中的福利变动是设计生态补偿政策的基石。第二，生产者的机会成本和消费者关注的生态系统服务价值如何测算？农业面源污染治理生态补偿的标准应该是多少？农业面源污染治理生态补偿的本质是解决利益相关者之间的成本效益不均衡问题，确定合理补偿标准的基本原则是社会支出最小化和社会福利最大化，这就要求设计补偿标准时充分考虑治理的成本效益，兼顾公平和效率。第三，如何设计符合农户偏好的农业面源污染治理生态补偿方式？农户是农业面源污染治理的执行者，最大限度地调动农户参与治理的积极性是进行补偿方式设计的根本原则。因此，需要充分考虑农户对补偿方式的选择偏好，据以提出设计与优化建议。

1.2 研究目的与研究意义

1.2.1 研究目的

本研究的总体目标是解释两个问题：一是为什么要将生态补偿应用于解决农业面源污染治理困境；二是如何设计合理有效的农业面源污染治理生态补偿政策体系。为回答上述问题，围绕农业面源污染治理外部性内部化的宗旨，本书利用人类福利分析和利益相关者的博弈模型解释农业面源污染治理生态补偿的理论意义和实践价值，并进一步从公众偏好角度着手测算农业面源污染治理生态补偿的标准，确定补偿方式，在此基础上设计和优化农业面源污染治理生态补偿政策体系。具体来看，本研究设定了以下几个具体目标。

（1）梳理农业面源污染治理生态补偿中的福利变动，借以阐释进行农业面源污染治理生态补偿的实践意义。一方面，梳理农业面源污染治理生态补偿与人类福利之间的逻辑关系，并进一步解释生态补偿如何均衡利益相关者间的福利分配进而实现全社会福利最大化；另一方面，在识别利益相关者的基础上，构建农业面源污染治理利益相关者之间的博弈模型，重点阐述如何通过生态补偿分配农业面源污染治理中利益相关者的福利。

（2）测算农业面源污染治理生态补偿标准。在量化农业面源污染治理的全部机会成本和农业生态系统服务价值的基础上，测算农户参与农业面源污染治理的经济成本和其他社会公众（城镇居民）获得的生态系统服务价值，以此为依据测算农业面源污染治理生态补偿标准的下限和上限，进而界定合理的补偿范围。

（3）设计纳入农户偏好的农业面源污染治理生态补偿方式。在梳理既有生态补偿方式实践经验并考察其适用性的基础上，对生态补偿方式进行归纳整理与分类，并通过计量模型进一步分析农户对生态补偿方式的选择偏好，据此提出生态补偿方式的设计与优化建议。

（4）基于以上研究，提出农业面源污染治理生态补偿的标准、方式以及保障等方面的相关政策建议。

1.2.2　研究意义

1.2.2.1　理论意义

（1）通过剖析农业面源污染治理生态补偿利益相关者之

间的冲突与博弈，分析不同利益主体的行为与福利变化，进一步剖析生态补偿政策如何调节各利益相关者间的福利分配，从理论上阐述生态补偿的必要性和作用机制，这有助于完善农业面源污染治理生态补偿政策体系。

（2）基于农户全部经济损失和其他社会公众全部收益的双重视角测算农业面源污染治理生态补偿标准的做法，既弥补了既有研究忽略农户进行环境保护所带来的生态效益的缺陷，也解决了对公众环境改善非市场价值量化不足的问题，在理论层面上界定农业面源污染治理生态补偿标准的上限和下限，提升补偿标准测算的合理性与科学性。

（3）将选择实验法（Choice Experiment Method，CEM）这一非市场价值评估方法应用于农业面源污染治理生态效益（生态系统服务价值）的量化评估，使得将农业面源污染治理非市场价值纳入生态补偿政策体系成为可能，不仅拓展了选择实验法的应用范围，丰富了其实践经验，也为农业面源污染治理生态补偿政策的出台提供了理论参考和技术支持。

1.2.2.2 现实意义

（1）建立农业面源污染治理生态补偿机制是实现社会公平的现实需要。长期以来，我国采取农业输血于工业、农村输血于城市的二元经济发展模式，在一定程度上限制了农业、农村和农民的发展。在这一时期，一方面为了提高农业产出和农业收益，农业生产活动往往依靠大量投入化肥、农药等化工产品，毫无疑问，这种向土地要产量的做法加重了农业面源污染程度；另一方面，在二元经济发展模式下，农民普遍收入不高，而大部分农业面源污染治理措施势必将减少农民的农业产出，因此，对农民进行财政转移支付，城市反哺农村，成为一种必然的制度安排。

（2）基于成本和效益双重视角的补偿标准测算和基于农户选择偏好视角的补偿方式分析能够为农业面源污染治理生态补偿政策体系的形成提供有益借鉴和决策参考。量化农业面源污染治理中农户付出的机会成本和城镇居民获得的生态系统服务价值，有助于测算兼顾公平与效率的补偿标准范围，并进一步确定与地方实际相适应的补偿标准。换言之，通过对农业面源污染治理成本效益的评估，将生态补偿政策纳入福利经济学框架下进行分析，有助于厘清农业生态系统与社会经济发展之间的逻辑关系，为政策制定者提供公众需求偏好信息，进而帮助其提高决策水平。

（3）将农户偏好纳入农业面源污染治理生态补偿方式的设计环节，探讨符合农户选择偏好的补偿方式有助于提高农户对农业面源污染治理的参与率，弥补了以往政策设计中忽略农户选择偏好的缺陷，充分考虑农户的利益诉求，激励农户主动采取环境友好型生产行为，能够有效提高农业面源污染治理生态补偿方式的公众响应度，为推进农业面源污染治理进程提供重要手段和依据。

（4）研究区域为陕西省 AK 市和 HZ 市，该区域不仅位于秦巴生物多样性生态功能区腹地，还是南水北调中线工程的重要水源涵养地，是我国重要的生态功能区。在此推行农业面源污染治理生态补偿不仅有利于维持生物多样性、保障水源地环境安全性，还将有助于增强区域内公众的生态环境保护意识和能力。希望本案例的研究可为全国重要生态功能区和水源地的生态环境保护工作提供参考，并进一步推动我国生态文明建设进程。

1.3 核心概念界定

1.3.1 农业面源污染的概念

面源污染，又称为非点源污染（Non-point Source Pollution，NSP），是与点源污染相对而生的概念。点源污染主要指从固定排污口排出的污染，具有排污口固定、污染源易辨别、受自然因素影响较小、污染结果易监测等特点，主要是指城市生活污水和工业“三废”导致的污染（汪国华，2012；王超等，2022）。面源污染有广义和狭义之分，广义是指各种没有固定排污口的环境污染（Collentine，2002），狭义通常限定为水环境的非点源污染（Quan and Yan，2002；Schaffner et al.，2009）。面源污染的概念最早来自美国的《清洁水法》，具体描述为“污染物以广域的、分散的、微量的形式进入地表和地下水体”。根据这一概念，20 世纪初的学者将农业面源污染定义为在农业生产中，化肥、农药及其他农业废弃物（如作物秸秆、畜禽粪便等）通过农田渗漏和地表径流所造成的水环境污染（张淑荣等，2001；全为民、严力蛟，2002）。随着农业面源污染来源和污染形式的逐渐多样化，学者们进一步将农业面源污染概念具化为“在农业生产过程中，由于化肥、农药、农膜、饲料等化学品的不当使用，以及在生产中对牲畜粪便、农作物秸秆、农户生活垃圾等处理不当而造成的对水层、湖泊、河岸、滨岸、大气等生态系统的污染”（罗守进等，2015）。本书研究对象为农田生产过程中造成的污染，它是占比最大、最典型的一种农业面源污染。根据前人对农业面源污染的界定以及本书研究对象的具体特征，本书将所研究的农业面源污染定义为："在农业生产过程中，化肥、农药以及其他无机或有机污染物，通过地面径流、地下渗漏、空气挥发等途径进入环境中，造成的土壤板结、水体富营养化和大气酸化等生态环境污染问题。"

1.3.2　农业面源污染治理的概念

农业面源污染不仅会破坏生态平衡、降低农业生产能力，还会削弱农业生态系统休闲娱乐、生物多样性保护等多项非生产性功能，并因此严重威胁到生态安全和人类身心健康，具有显著的负外部效应（张维理、武淑霞、冀宏杰、Kolbe，2004；Beharry-Borg et al.，2013；金书秦、武岩，2014）。因此，各国均采取了不同的农业面源污染治理措施。20 世纪 70 年代，美国提出了"最佳管理措施"（BMPS）的概念："为了防止或减少非点源污染，达到水质保护目标而采用的方法和措施及其结合。"（Novotny and Olom，1994）BMPS 采取耕种措施、管理措施、工程措施等技术进行农业面源污染治理与防控（仓恒瑾等，2005）。同一时期，人多地少的日本提出发展环保型农业，凡是种植方案被农林水产省审批通过的农户即可成为环保型农户，其可向银行申请长达 15 年的无息贷款，并可从政府获得 50%的农业设施资金支持和 7%～35%不等的农业税费减免（佟新华，2014）。20 世纪 90 年代，欧盟委员会颁布《饮用水指令》《硝酸盐指令》等法案，严格规定了环境中的农药残留率。同一时期，德国、英国提出并推行"适度农业"的口号，要求经营者在农业生产中严格控制农药、化肥的使用，尤其对施肥时间、施肥种类和数量进行了限定，并要求水源附近的从事家畜养殖业的农场安装粪便处理设施，同时对遵守"适度农业"标准的生产者进行财政补贴（Munafò et al.，2005）。

农业面源污染治理是一个词组，学界尚未对其有规范的界定。关于治理的概念倒是相对成熟，1992 年成立的全球治理委员会（Commission on Global Governance，1995）将治理一词定义为“各种公共的或私人的个人和机构管理其共同事务的诸多方式的总和，是使互相冲突的或不同利益得以调和并且采取联合行动的持续过程，这既包括有权迫使人们服从的正式制度和规则，也包括各种人们同意或认为符合其利益的非正式组织”，这是对治理具有代表性的概念界定。

根据前人理论研究和实践经验，结合本书研究对象的具体特征，本书将农业面源污染治理定义为“在农业生产过程中，农户采取的减施化肥、农药和进行农业废弃物回收利用的相关环境友好型生产措施”。

1.3.3 农业面源污染治理生态补偿的概念

由于研究阶段和研究侧重点的不同，学者们对于生态补偿的概念尚未形成统一的界定。作为国内较早提出生态补偿这一概念的学者，张诚谦（1987）在可再生资源有偿利用方式的研究中提出，人类应在利用资源的同时向森林生态系统补充能量，以维持和提高森林生产力，并在此基础上将生态补偿定义为“从利用资源所得到的经济收益中提取一部分资金并以物质或能量的方式归还生态系统，以维持生态系统的物质、能量、输入、输出的动态平衡”。后来，随着经济发展与环境保护之间的冲突日益凸显，生态补偿被陆续应用于水土保持、流域水污染治理、耕地保护、退耕还林、生态功能区规划等方面，逐渐发展为一种融合社会经济学、环境经济学、生态学等多门学科的概念，已成为当前研究的热点问题之一。

综合来看，生态补偿的概念大致经历了两个发展阶段。早期的生态补偿主要是指对生态破坏者收取费用或罚款。例如，陆新元等（1994）指出，生态补偿是针对直接从自然资源中获取资源的个人和集体进行收费的政策，所收费用用于补偿因开发利用造成的自然环境生态破坏。庄国泰等（1995）认为生态补偿是对生态环境价值损失的赔偿，征收对象主要是破坏生态环境的自然资源开发利用项目。国家环保总局在1997年11月发布了《关于加强生态保护工作的意见》，要求环境保护部门按照“谁开发谁保护，谁破坏谁恢复，谁受益谁补偿”的原则，积极探索生态环境补偿机制，尤其强调要对项目中被破坏的湿地进行生态补偿。根据以上描述可知，早期的生态补偿本质上是一种减少生态环境损害的经济手段。

随着社会经济的发展和生态文明建设的推进，生态补偿的概念逐渐丰富，由只面向生态环境破坏行为的收费扩展到针对不同补偿对象的两种付费概念。第一种生态补偿概念为对生态系统价值和服务功能的补偿，此时生态补偿表现为“人—物”甚至“物—物”关系，例如对有关自然保护区、生态功能区、生物多样性保护区以及其他特殊生态功能区进行生态补偿。显然，这种生态补偿政策的目标是实现地区间的公平发展和自然资源的可持续利用。第二种生态补偿概念是将生态保护的外部性内部化，作为对生态保护者的经济补偿。李文华等（2007）将生态补偿阐述为“以保护和可持续利用生态系统服务为目的，以经济手段为主调节相关者利益关系的制度安排”；随着研究的深入，在2010年他们又针对该定义做了改进，即“生态补偿机制是以保护生态环境，促进人与自然和谐发展为目的，根据生态系统服务价值、生态保护成本、发展机会成本，运用政府和市场手段，调节生态保护利益相关者间效益关系的公共制度”（李文华、刘某承，2010）。余海和任勇（2008）

从生产关系和利益相关者角度分析了生态补偿概念的内涵和外延，指出生态补偿是在协调生态环境损害者或保护者之间利益的基础上，实现生态环境保护的外部性内部化，达到保护生态环境、促进生态服务功能增值目的的一种制度安排。2013 年 4 月，国家发展改革委在《国务院关于生态补偿机制建设工作情况的报告》中，将生态补偿阐释为“在综合考虑生态保护成本、发展机会成本以及生态服务价值的基础上，采用财政转移支付或市场交易等方式，对生态保护者给予合理补偿，是明确界定生态保护者与受益者权利义务、使生态保护经济外部性内部化的公共制度安排”。基于以上分析可知，第二种生态补偿概念着重强调以经济手段实现利益相关者间的成本效益均衡，这也是本书关于生态补偿的核心思想。同宋敏和韩曼曼（2016）对生态补偿概念的界定类似，本书认为生态补偿是在量化生态保护（或生态修复、污染治理）的生态系统服务价值、直接成本和机会成本的基础上，通过政府干预以及市场交易等途径，由获得生态保护外部性的受益者向生态保护行为的实施者（或者生态环境的破坏者向因生态环境破坏而受到利益损害者）提供实物、资金等补偿，以弥补后者经济或福利损失的一种经济手段，其目的是通过再分配实现利益相关者之间的利益均衡。

在前人研究的基础上，结合农业面源污染特点和治理情况，本书进一步将农业面源污染治理生态补偿政策界定为“在综合考虑农业面源污染治理生态效益、农户经济成本的基础上，依据‘谁受益谁补偿、谁保护补偿谁’的原则，通过转移性支付或市场交易等方式对农户面源污染控制行为给予经济补偿，实现农业面源污染治理外部性内部化的一种制度安排”。

1.4　研究内容、技术路线图与研究方法

1.4.1　研究内容

本研究的总体目标是解释两个问题：一是缘何以生态补偿政策破解农业面源污染治理难的困境；二是如何设计合理的农业面源污染治理生态补偿政策体系。针对第一个问题，本研究主要采用了实地调研、归纳演绎以及博弈分析等方法，具体内容如下。

（1）通过科学严谨的问卷设计与实地调研获取研究区域实际数据。一方面，获取研究区域农户农业生产的投入产出数据，以此为依据测算农户的化肥、农药过量施用情况以及农业生产经济效益；另一方面，收集城乡居民对农业面源污染治理的认知和对农业面源污染治理的受偿/支付意愿等数据，据此进行定性分析。研究结果表明：农户普遍存在过量施肥和过量施药现象，城乡居民对农业面源污染治理持有积极的态度并且普遍具有农业面源污染治理的受偿/支付意愿。综合来看，生态补偿政策的实施已具备一定的现实需求和群众基础。

（2）在福利经济理论、外部性理论、公共物品理论和环境资源价值理论的基础上，应用归纳演绎法剖析农业面源污染治理与人类福利间的关系，并进一步通过数理模型分析进行生态补偿前后利益相关者间的福利分配情况，结论表明生态补偿政策能够有效推动农业面源污染治理并均衡利益相关者之间的生态福利，最终将实现兼顾生态保护和经济发展的全社会公众福利最大化。

（3）通过博弈模型分析生态补偿如何均衡农业面源污染治

理利益相关者之间的福利关系。首先，农民与城镇居民之间的微观博弈模型显示，两者直接博弈的占优策略是“不治理，不补偿”；其次，政府干预下农民与城镇居民的博弈结果显示，只有在政府的奖惩监督干预下，才能实现“治理，补偿”的最优策略集。虽然实行生态补偿政策是农业面源污染治理难的破解之道，但是需政府配套制定合理的激励和监督政策，才能遏制农业面源污染继续恶化，避免公共物品消费的“搭便车”现象，实现生态保护与经济发展的双赢。

为解决第二个问题，本研究主要从补偿标准和补偿方式着手进行农业面源污染治理生态补偿政策的设计与优化。

（1）科学合理的补偿标准是保障补偿政策可行和有效的关键。本研究从农户受偿意愿和城镇居民支付意愿双重视角着眼测算农业面源污染治理生态补偿标准的下限和上限。具体来看，一方面，农户是农业面源污染治理的微观实施者，以农户受偿意愿视角为切入点核算生态补偿标准下限，创新性在于将农户因生态改善获得的生态效益与农户经济损失相结合，用选择实验法测算农户受偿意愿视角下的最低受偿标准，即生态补偿标准的下限；另一方面，农业面源污染治理带来的环境改善福利是指社会公众因生态环境改善获得的正外部性，本书用城镇居民支付意愿表征其因农业面源污染治理而获得的福利效益，经测算即得到农业面源污染治理生态补偿标准的上限。

（2）设计符合农户偏好的补偿方式是补偿顺利实施的重要保障。本研究在界定和识别学界既有生态补偿方式的基础上，将适用于农业面源污染治理的四种补偿方式进一步归类为输血式补偿和造血式补偿。基于效用最大化理论，采用多变量 Probit 模型实证分析了农户对造血式补偿和输血式补偿等具体补偿方式的选择偏好及其影响因素，并据此提出农业面源污染治理生态补偿方式的短期政策设计和长期政策引导方向。

（3）农业面源污染治理生态补偿政策的设计与优化建议。首先，基于农户受偿意愿与城镇居民支付意愿测算结果，测算了农业面源污染治理生态补偿标准的范围，并强调要结合社会经济发展实际情况进行调整；其次，基于农户生态补偿方式选择偏好的实证结果，分别提出了生态补偿方式的短期和长期优化建议；最后，针对农业面源污染治理实施环节的相关保障措施，提出了对应的政策优化建议。

1.4.2　技术路线图

本书的研究思路如下。

第一，阐述农业面源污染治理现状和进行农业面源污染治理生态补偿的重要性，确定研究的问题，明确研究意义。

第二，解释为什么补偿的问题。以利益相关者间福利分配与社会总福利变动为切入点，阐释生态补偿政策对利益相关者福利变动的作用机制。

第三，解决如何补偿的问题。具体内容分为确定补偿标准和设计补偿方式两大模块，其中确定补偿标准是基于农户受偿意愿和城镇居民支付意愿双重视角测算补偿标准范围，补偿方式的设计则充分考虑农户的选择偏好和利益诉求。

本研究技术路线具体如图 1-1 所示。

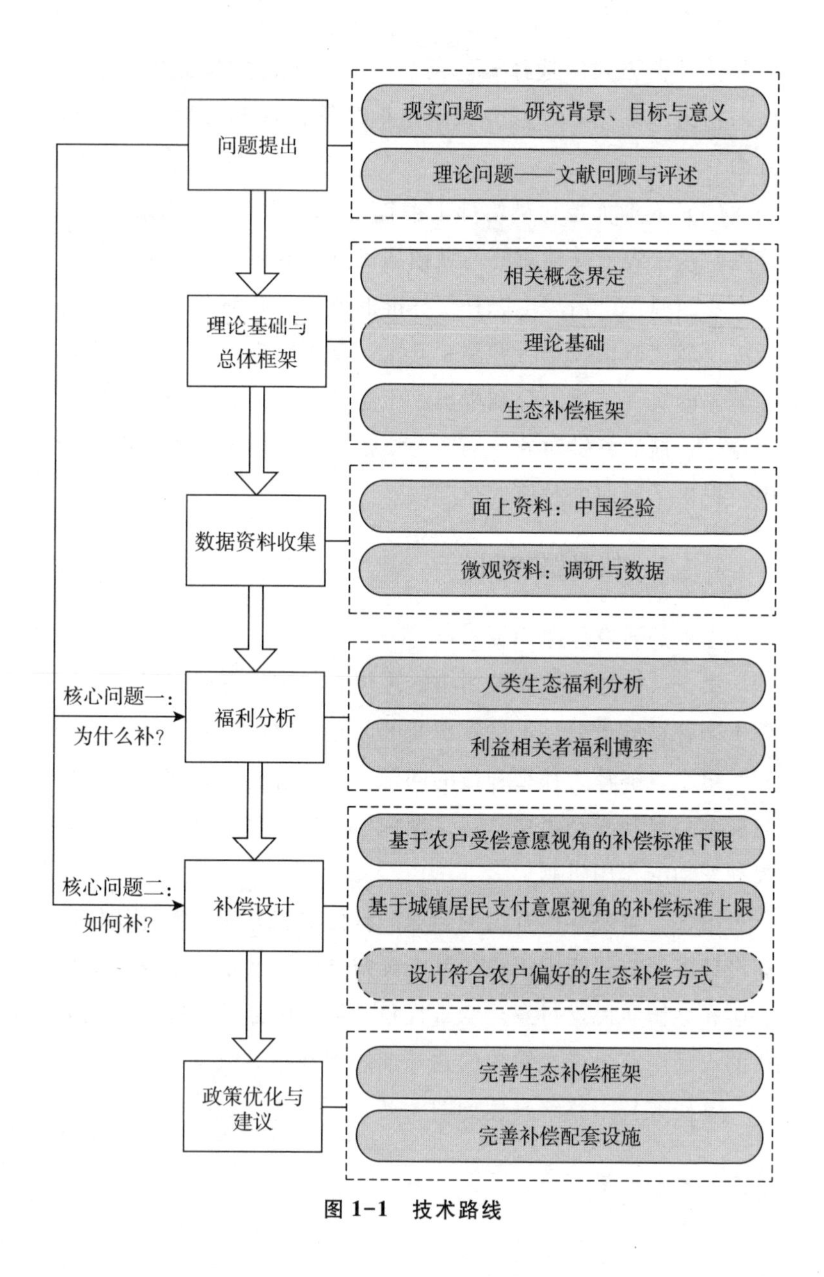
问题提出
现实问题——研究背景、目标与意义
理论问题——文献回顾与评述
理论基础与总体框架
相关概念界定
理论基础
生态补偿框架
数据资料收集
面上资料：中国经验
微观资料：调研与数据
核心问题一：为什么补？
福利分析
人类生态福利分析
利益相关者福利博弈
核心问题二：如何补？
补偿设计
基于农户受偿意愿视角的补偿标准下限
基于城镇居民支付意愿视角的补偿标准上限
设计符合农户偏好的生态补偿方式
政策优化与建议
完善生态补偿框架
完善补偿配套设施

图 1-1　技术路线

1.4.3 研究方法

本书综合运用定量分析和定性分析相结合的方法回答了农业面源污染治理生态补偿政策从哪来、到哪去的问题。具体研究方法包括文献研究法、概念分析法、归纳演绎法、选择实验法等。

1.4.3.1 定性分析方法

（1）文献研究法。搜集、鉴别、整理与农业面源污染治理及其生态补偿相关的文献资料，了解我国农业面源污染治理现状及困难所在，分析生态补偿的应用范围与实践经验，在此基础上构建农业面源污染治理生态补偿框架，科学识别本书所研究问题。

（2）概念分析法。在既有研究的基础上，分析和界定农业面源污染治理、生态补偿、生态系统服务、人类福利以及农户偏好等相关概念的内涵与外延，厘清研究对象，从而奠定本研究的概念基础。

（3）归纳演绎法。运用归纳演绎法探究农业面源污染治理、生态系统服务、人类福利以及生态补偿之间的内在逻辑关系，奠定农业面源污染治理生态补偿的理论基石。

1.4.3.2 定量分析方法

（1）博弈分析法。运用博弈分析法研究农业面源污染治理中不同利益相关者之间的利益冲突与策略选择，不仅能奠定农业面源污染治理生态补偿的理论基础，还可为完善农业面源污染治理生态补偿政策提供科学依据。

（2）选择实验法。运用选择实验法测算农业面源污染治理所带来的生态效益。农业面源污染治理所带来的生态效益是测算兼顾公平与效率的生态补偿标准的重要依据。本书在明确农业面源污染治理利益相关者治理参与意愿的基础上，分别建立了基于农户受偿意愿和城镇居民支付意愿视角的假想市场，借助选择实验模型测度了农户参与治理的受偿意愿（Willingness to Accept，WTA）和城镇居民的支付意愿（Willingness to Pay，WTP），进而运用随机参数模型（Random Parameters Logit Model，RPLM）估算不同治理情境下基于供需主体视角的选择偏好，以弥补市场机制的缺失。

（3）多变量 Probit 模型。运用多变量 Probit 模型（Multivariate Probit Model，MPM）揭示农户对输血式和造血式补偿方式的选择偏好，为构建符合农户价值认同与利益诉求的生态补偿政策体系提供决策参考。

1.5 创新之处

本书创新之处主要包含以下三点。

（1）针对农业面源污染治理中忽略了生态效益外溢导致农户激励不足的问题，本书尝试将生态补偿与农业面源污染治理相结合，实现农业面源污染治理外部性的内部化。具体而言，通过搭建农业面源污染治理生态补偿框架，以农业面源污染治理生态系统服务的价值评估为基础，通过经济补偿的方式均衡城镇居民与农户之间的成本效益，借此解决治理中激励不足的问题，进一步实现对农户环境友好型生产行为的有效激励。

（2）针对补偿标准测算多聚焦于单一主体，缺乏成本和效益双重视角考虑的问题，本书从农户受偿意愿和城镇居民支付意愿的双重视角测算了农业面源污染治理生态补偿标准的合理范围。一方面，基于农户受偿意愿视角的测算依据是在农户进行农业面源污染治理机会成本的基础上减去农户因环境改善获得的生态效益，这种测算方法弥补了以往农户补偿标准忽略生态效益的缺陷，提升了补偿标准的有效性和科学性。实证过程中，首先基于农户机会成本和生态效益的考量，设计选择实验调查问卷，然后借助随机参数模型估计了农户参与农业面源污染治理的受偿意愿。该受偿意愿即为农户参与农业面源污染治理的机会成本，因此基于农户受偿意愿视角的补偿标准为生态补偿标准下限。另一方面，基于城镇居民支付意愿视角的测算依据是其因农业面源污染治理获得的生态系统服务价值。实证过程中，首先基于农业面源污染治理属性设计了选择实验调查问卷，然后借助随机参数模型估计了城镇居民对农业面源污染治理的支付意愿，该结果即为城镇居民因农业面源污染治理获得的生态系统服务价值，因此基于城镇居民支付意愿视角测算得到的补偿标准为生态补偿标准上限。基于双重视角的补偿标准测算方法不仅提升了补偿标准的科学性与合理性，也兼顾了生态补偿的效率原则和公平原则。

（3）针对生态补偿方式以定性分析为主，缺乏从补偿客体视角进行定量分析的问题，本书从农户主观偏好着手，探索了农户对农业面源污染治理不同生态补偿方式的选择偏好。首先将适用于农业面源污染治理的四类具体补偿方式进一步归类为造血式补偿和输血式补偿，然后运用多变量 Probit 模型实证分析了农户对四种具体生态补偿方式的选择偏好及其决策的影响因素。本研究打破了现有生态补偿政策“自上而下”脱离群众的实施困境，有助于形成具有内部约束力和内在动力的可持续补偿方式。

第二章　理论基础与研究框架

2.1　文献综述

2.1.1　农业面源污染治理

2.1.1.1　农业面源污染产生机理

20世纪后半叶以来，农业面源污染因具有发生频率高、危害范围较广以及难治理等特点，已经演变成为世界性环境难题（张维理、武淑霞、冀宏杰、Kolbe，2004；金书秦、武岩，2014）。农业生产造成的面源污染是最典型的农业面源污染（华春林等，2015）。由于化工产品的滥用和农业废弃物的随意排放，大量氮、磷等元素扩散到环境中，造成土地板结、地表水富营养化、地下水硝酸盐富集等问题，同时这些元素借助化学反应和挥发作用成为酸雨和温室气体的主要成分，进一步加剧大气污染（Carpenter et al.，1998；Ichiki and Yamada，1999；杨志清，2006）。

为深入探讨农业面源污染的产生机理，学者们首先探讨了农业面源污染产生的原因。国际上关于农业面源污染产生原因的研究起步较早，Mulla等（1980）、Panagopoulos等（2011）、Jabbar and Grote（2019）的研究均将农业面源污染归因于化肥的过量使用以及农业废弃物的随意排放。

国内对农业面源污染的研究始于20世纪初期。张维理、武淑霞、冀宏杰和Kolbe等（2004），陈红和马国勇（2007），朱兆良等（2006），杨慧等（2014）通过定性分析提出化肥、农药的过量投入和牲畜规模化养殖是中国发生农业面源污染的主要原因。李秀芬等（2010）通过对比国内外农业面源污染相关资料，提出农业面源污染的具体来源主要包括化肥污染、农药污染、农膜污染、秸秆燃烧污染、养殖业污染及水土流失等，而前四项正是农业面源污染的主要表现。

随后，学者们通过定量分析和实证模型分析的方法探究了农业面源污染发生的直接原因。梁流涛等（2010）通过对1990~2006年我国农业源化学需氧量、总氮和总磷排放总量及排放强度的数理分析，得出化肥的大量使用是我国农业面源污染发生的主要原因的结论。饶静、许翔宇和纪晓婷（2011）经过详细的农村调研后，将当前农业面源污染的成因总结为农业生产中广泛使用化肥、农药、农膜等工业产品及随意排放畜禽尿粪等农业废弃物。金书秦和武岩（2014）基于淮河时间序列数据，检验了施肥季节同水体污染的相关关系，验证了化学物品的投入是造成农业面源污染的根源。

综观国内外已有研究，研究者一致认为化肥、农药的过量使用和农业废弃物的随意排放是造成农业面源污染的直接原因。在此基础上，更多的研究者从我国环境制度和政策变迁、市场经济发展和农户行为决策等方面进一步分析了农业面源污染产生的深层原因，具体表现在以下几个方面。

第一，宏观环境制度和经济政策是造成农业面源污染的重要原因。葛继红和周曙东（2012）以化肥为例分析要素市场扭曲是否激发了农业面源污染的问题，研究结论是国家对化肥行业的价格管制政策以及国家实施的财政支农政策导致化肥要素市场扭曲，同时，这些政策对化肥污染物排放具有显著的激发作用。饶静和纪晓婷（2011）经过农村实地调研得出农业面源污染不能完全归咎于“高产、高效”的农业技术发展的结论，原因在于现代农业技术推广过程中政府未采取配套的经济激励措施，无法打破农户“高度依赖化肥和农药”的农业生产习惯，导致农户采取环境友好型农业技术的积极性不高。金书秦等（2013）利用制度分层理论，从文化、农业制度环境、农业经营方式、市场机制等层面着手分析农业面源污染的形成机制，结论表明传统农耕文化的迅速瓦解、制度环境、农业经营方式、市场的逆向激励等是农业面源污染产生和加重的重要原因。

第二，经济因素是诱发农业面源污染的主要原因。葛继红和周曙东（2011）运用分解法分析了江苏省1978~2009年农业面源污染的发展情况，发现农业经济规模增长、农村人口规模扩大、养殖业比重上升、经济作物比重上升等经济因素的变化均会加重农业面源污染，而农业生产技术进步和相关治理措施的推广实施能够有效减轻农业面源污染。肖新成等（2014）运用面板数据随机效应Tobit模型分析了三峡生态屏障区农业面源污染物的排放效率和影子价格，研究结论是经济作物与粮食作物的比例、农业生产设施条件、农村居民受教育程度等因素对农业面源污染程度具有重要影响。吴义根等（2017）基于空间面板Stirpat模型分析了影响农业面源污染物排放量的经济因素，发现乡村人口密度、种植业结构和城镇化水平等因素直接或间接加重了农业面源污染。

第三，农户农业生产方式和决策行为是产生农业面源污染的根本原因。何浩然等（2006）分析了农户施肥行为，发现农业劳动力的稀缺性强化了化肥对劳动力的替代作用。纪月清等（2016）研究发现，购买差异化肥料对农户的化肥过量投入行为具有显著影响，普遍存在购买低档化肥则施用强度小、过量程度小，购买高档化肥则施用强度大、过量程度大的现状。赵文和程杰（2014）、夏秋等（2018）认为，随着农村劳动力的转移，兼业化经营会导致农业要素禀赋结构和生产方式的变化，最终导致兼业化农户的农业面源污染水平升高。

综上所述，当前关于农业面源污染成因的探讨已经趋于成熟。无论是从宏观环境制度变迁和市场经济发展的视角，还是从微观农户农业生产行为和决策的视角，既有研究均证实了农业面源污染的产生是农业生态保护制度不完善、农业脱钩于市场经济以及农户生产经营方式变动等因素共同作用的结果。

2.1.1.2 农业面源污染治理现状

农业面源污染天然具有的分散性、滞后性、隐蔽性、随机性以及难监督等特点（Carpenter et al.，1998；张维理、徐爱国、冀宏杰，2004；张印等，2012；闵继胜，2016；金书秦，2017），导致其治理技术手段和配套环境政策均有别于传统的点源污染。

从技术手段层面分析，农业面源污染治理的技术手段一般可分为源头控制技术、过程阻断技术和末端控制技术三种（王凯军等，2016；金书秦，2017）。

源头控制，即从农业生产环节着手减少农业面源污染物的产生，主要包括：①使用有机肥替代传统化肥，采用测土配方施肥技术；②使用低毒高效农药、生物农药、除虫灯等，用新型除虫技术手段代替传统施药方式；③通过秸秆还田、回收农药瓶和农膜等方式减少农业废弃物的排放。当前学者们对源头控制技术的治污效果评价较高，张维理、武淑霞、冀宏杰和Kolbe（2004），葛继红等（2010），饶静、许翔宇和纪晓婷（2011），韩洪云和杨增旭（2010），褚彩虹等（2012），罗小娟等（2014），颜廷武等（2017）的研究均认为减施化肥与农药、回收农业废弃物的环境友好型生产行为是从源头控制农业面源污染的关键所在。

过程阻断主要是通过各种手段阻碍或切断农业面源污染物进入生态系统的渠道。施卫明等（2013）认为，以生态拦截为主的过程阻断技术是控制农业面源污染的重要补充手段，具体包括人工湿地技术、稻田消纳技术、前置库技术、设置缓冲带、生草覆盖、挖脱氮沟等，这些技术均具有广阔的应用空间。

末端治理对象是农业面源污染的载体，因而末端控制是治理农业面源污染的最后屏障。当前常用的末端控制技术主要包括人工湿地技术、地下水修复技术、秸秆农残降解技术、客土法土壤修复技术等。张玮等（2011）研究发现人工渠、人工塘、人工湿地系统对氮、磷污染物具有显著的消减作用。

在综合分析以上各农业面源污染治理技术特点和治理效果的基础上，农业研究者、政策制定者、地方农业部门均提出完善以源头控制技术为主、过程阻断技术和末端控制技术为辅的农业面源污染防治体系（薛利红等，2013；邓小云，2011；肖新成，2015；武淑霞等，2018）。

综合来看，当前针对不同防治阶段的农业面源污染治理技术种类各异，农业面源污染的成因和天然属性决定了最佳控制思路是以源头控制为主，过程和末端控制为辅。然而现实中，源头控制技术存在农户激励不足和监督困难等缺点，因而推广受限。为破解这一困境，国内外政府和学者进行了多方面尝试。国际上污染源头控制手段主要有两种：一是行政命令手段，如荷兰的矿物质账户系统、美国的许可证制度（李丽，2015）；二是经济手段，如污染权交易制度、排污收费制度、环境税收制度等。我国也采取了系列农业面源污染源头控制手段。例如，秸秆还田项目（颜廷武等，2017）、测土配方施肥项目（罗小娟等，2014）、休耕项目（陈展图、杨庆媛，2017）。就实施效果而言，这些项目虽然均取得了一定成效，但同时也存在农户激励不足、监督和监测困难等缺点（韩洪云等，2014）。从项目长效性视角来看，这类项目往往缺乏可持续性，一旦资金支持停止，项目就难以为继（金书秦，2017）。

推广农业面源污染源头控制技术需解决以下几个问题：第一，污染治理的成本分担（Hughes-Popp，1997；闵继胜、孔祥智，2016）；第二，最优污染排放水平的实现途径（韩洪云、杨增旭，2010）；第三，农业面源污染治理社会效益评估（李晓平等，2016）；第四，环境政策的公正、有效和合理性（Dietz and Atkinson，2010）。综合来看，这些问题的解决既是农业面源污染治理效果的重要保障，也是均衡利益相关者成本效益的经济手段，还是兼顾环境保护和经济发展的关键所在。经多方研究发现，生态补偿政策可能比政府强制命令和考虑市场基础上的环境政策更有效率（Segerson，2006；韩洪云等，2014；张捷、王海燕，2020）。农业面源污染治理生态补偿政策的优势在于，通过估计治理带来的生态系统服务价值，可以均衡污染治理中利益相关者的成本效益，激励农户采纳环境友好型生产方式，有利于达到最优污染排放水平，该政策契合公共政策的公正、有效和合理性原则。

2.1.2　生态补偿

生态补偿理论起源于卡尔多-希克斯改进（Kaldor-Hicks

Provement）理论。按照卡尔多-希克斯改进理论中的效率标准，在资源再配置的过程中，如果受益人增加的效益大于受损人的损失，那么就可以通过受益人对受损人进行补偿的方式实现该资源配置，进而提高全社会福利。在该思想的指导下，生态补偿逐渐成为学界和各国政府进行生态环境保护的共同选择。

2.1.2.1 生态补偿框架

生态补偿机制被广泛认为是弥补环境治理正外部性、均衡环境保护利益相关者成本效益以及激励生态保护者保护行为的经济手段（曹明德，2010；胡振通等，2016）。综合来看，生态补偿机制是一套复杂的机制，世界各国对生态补偿机制的研究都尚处于探索阶段。目前，生态补偿框架的构成要素已较为明确，主要包括补偿原则、补偿对象、补偿标准、补偿方式与途径、补偿的运行机制和保障机制等（刘丽，2010），除此之外，还涉及补偿机制的效果评价和优化完善等相关内容（徐涛、赵敏娟、乔丹、姚柳杨、颜俨，2018）。

（1）补偿原则。确定补偿原则是构建生态补偿政策的重要前提。Merlo 和 Briales（2000）提出生态补偿应遵循 PGP（Provider Gets Principle）和 BPP（Beneficiary Pays Principle）的原则。与之类似，李文华和刘某承（2010）也认为生态补偿应遵循“破坏者付费、使用者付费、受益者付费、保护者得到补偿”的基本原则。孟浩等（2012）分析了生态补偿的目标和原则，认为生态补偿原则即为实现补偿目标的准则，具体应遵循“公正、公平”、“共建共享”和“谁受益谁补偿，谁破坏谁治理”的原则。李颖等（2014）进一步提出补偿机制的构建首先要合乎社会公平与正义，其次要体现受益者付费的原则，最后要能够保障农业的可持续发展。

（2）补偿对象。只有明确生态补偿对象，生态补偿才能有的放矢。生态补偿对象是一个综合概念，具体而言，生态补偿对象不仅包括生态补偿的利益相关者，还包括自然生态系统本身（肖建红等，2015），生态补偿的利益相关者又可以进一步划分为补偿的主体和客体（欧阳志云等，2013），其中补偿主体通常指生态保护受益者，补偿客体通常指生态保护成本承担者。

（3）补偿标准。补偿标准是补偿机制的核心内容，决定着补偿效果和补偿效率（段靖等，2010；代明等，2013）。李文华和刘某承（2010）提出应从四个方面确定补偿标准，分别是按生态保护者的直接投入和机会成本计算、按生态保护受益者的获利计算、按生态破坏的恢复成本计算、按生态系统服务的价值计算。谭秋成（2012）则从实证的角度提出成本补偿比效益补偿更为重要，其中成本补偿包括生态保护者或损失者的直接成本、机会成本和发展成本。

（4）补偿方式与途径。中国生态补偿机制与政策研究课题组（2007）根据补偿方式与途径的不同，将生态补偿的方式划分为政府管制方式、市场调节方式及公众参与方式等，将补偿途径划分为资金补偿、实物补偿、政策补偿及智力补偿等。杨新荣（2014）按实际主体和运作机制将生态补偿分为政府补偿与市场补偿两类，又进一步按资源配置方式将生态补偿划分为资金补偿、政策补偿、实物补偿、智力补偿和项目补偿等五类。

（5）补偿的运行机制和保障机制。黄庆波等（2013）分析了海洋油气开发的生态补偿机制的理论和经验，提出海洋油气开发生态补偿的运行需要配套法律保障和相关管理体制保障。王军锋等（2017）分析了我国流域中水污染控制生态补偿和水源地生态补偿两种运行模式的特点，并提出完善配套政策评估机制、探索多元补偿方式、明确资源环境产权等优化建议。

（6）补偿机制的效果评价和优化完善。补偿机制的运行效果是补偿政策优化完善的重要依据，也是检验和完善补偿政策的重要参考。邓远建等（2015）以生态价值、经济价值和社会价值为价值取向，运用层次分析法与模糊综合分析法分析了东西湖区农业生态补偿政策实施绩效，并在此基础上提出了相应的优化建议。

具体而言，我国生态补偿机制的研究范围较为广泛，主要囊括流域生态补偿机制（王军锋、侯超波，2013）、草地生态补偿机制（戴其文、赵雪雁，2010）、森林生态补偿机制（李琪等，2016）、湿地生态补偿机制（杨新荣，2014）、自然保护区生态补偿机制（陈传明，2011）、主体功能区生态补偿机制（王德凡，2017）、区间生态补偿机制（温薇、田国双，2017）等方面。但是，由于农业面源污染治理的研究起步较晚，相关补偿机制的研究较少，有针对性的农业面源污染治理生态补偿机制尚有待完善。

2.1.2.2 生态补偿标准

确定科学的生态补偿标准是拟订生态补偿政策的关键环节。按照生态补偿理论，当补偿的金额大于生态系统服务保护成本（或损害修复成本），且小于保护行为（或损害行为）对应的生态系统服务价值时，该生态补偿政策被认为是合理有效的（Engel et al.，2008）。根据生态补偿标准的这一特征，可将生态补偿分为两大类型：成本补偿和效益补偿。基于成本补偿和效益补偿测算生态补偿标准的优劣势如表 2-1 所示。

表 2-1　生态补偿标准核算方法的分析比较

补偿类型	补偿标准核算依据	具体内容	优势	劣势
成本补偿	修复成本	根据生态破坏行为的修复成本（Pigou，1920；金艳鸣等，2007），向破坏生态环境的个人或者企业征收税赋	理论依据充分，应用广泛	易阻碍地区经济发展；主要适用于点源污染
	赔偿成本	根据生态环境破坏给受损方造成的生存、发展、健康和经济等方面的损失制定补偿标准（Garcia et al.，2016）	反映利益相关者间效用关系和利益再分配	没有体现对生态系统的补偿，不可持续
	机会成本	为保护生态环境而放弃的实际机会成本（Wünscher et al.，2008；代明等，2013）	理论依据充分，方法成熟	易发生信息不对称偏差
	维护成本	为保护生态系统而直接投入的人力、物力和财力（谭秋成，2012）	计算方法简便直接，误差小	没有体现生态改善价值
效益补偿	存量价值	补偿生态系统的全价值（由生态资产的面积、生物量、蓄积量等指标确定）（姚柳杨等，2017；金淑婷等，2014）	能够反映生态系统价值在不同时间点的变动	由于生态系统的复杂性，误差较大
	流量价值	参照生态系统价值法（Costanza et al.，1997）或当量因子法（谢高地等，2008）测算补偿量，以财政转移支付的方式对生态系统保护者进行补偿	理论依据充分，方法成熟	由于生态系统的复杂性，误差较大
	增量价值	根据受益方对生态改善的支付意愿确定补偿标准（姚柳杨等，2017；Li et al.，2019）	体现消费者主观意愿和支付能力	容易发生假想偏差

根据生态系统的利用方式，成本补偿主要分为破坏性赔偿和保护性补偿。其中，破坏性赔偿是指对自然资源开发利用过程中造成的生态污染和生态系统功能损害进行补偿，具体核算

依据为资源修复成本和经济上的赔偿成本；保护性补偿是补偿生态环境保护者的机会成本和维护成本。

效益补偿依据是生态系统改善（原有）的生态系统服务价值，主要分为两类：生态系统的存量价值、流量价值（姚柳杨等，2017）。其中，存量价值补偿对象是整个生态系统的全价值；流量价值补偿对象是一段时间内生态系统为人们提供产品和服务的全价值。

相对而言，成本补偿因可操作性强和补偿效率高而得到更为广泛的应用（戴其文、赵雪雁，2010）。但也有学者指出，成本补偿无法弥补生态保护的正外部性，存在补偿不足的问题（Mobarak and Rosenzweig，2012）。本研究认为，将生态保护者的经济成本和生态改善效益相结合进行补偿标准测算能够兼顾公平和效率，也是本研究的创新点和重难点。

2.1.2.3 生态补偿方式

当前落实到微观农户层面的生态补偿方式主要有资金补偿、实物补偿、价格补偿、项目补偿和技术补偿，这五种补偿方式各有其具体形式和优缺点，具体见表2-2。

表2-2 各种补偿方式的比较

补偿方式	具体形式	优点	缺点
资金补偿	补偿金财政转移支付、减免税收、贴息等	最常用、最直接	可持续性差，存在依赖性
实物补偿	粮食、种子、生物农药、房屋等实物	目的性、实用性较强	资源的浪费和政策无效性
价格补偿	调整农产品价格	激励性强	监督成本高等
项目补偿	政策引导、项目支持	政策稳定性强、易推广、覆盖面广	灵活性差

续表

补偿方式	具体形式	优点	缺点
技术补偿	提供技术指导及咨询服务等	可持续性及可执行性较强	周期长、见效慢

根据表2-2可知，资金补偿的具体形式有补偿金财政转移支付、减免税收、贴息等。实践中，资金补偿因操作简便成为生态补偿中最常用、最直接的方式（葛颜祥等，2006），其缺点是不能从根本上解决环境保护者的经济危机，一旦暂停发放补偿金，受偿方就可能因收入没有保障而恢复以前高投入、高污染的生产模式，即可持续性差，存在依赖性。实物补偿是运用粮食、种子、生物农药甚至房屋等实物对环境保护者进行补偿，其目的性和实用性都比较强，然而，这些实物可能并不是环境保护者所需要的（王飞翔等，2015），受偿者可能将补偿物弃置不用，进一步造成资源浪费和政策的无效性。价格补偿是指运用政府与市场相结合的方式，使得用环境友好型生产方式生产出来的农产品能够实现其应有的市场价值（张永勋等，2015），其优势在于经济激励性强，但也同时存在监督成本高、易发生道德风险和“搭便车”行为等缺点，缺乏实践保障。项目补偿又称政策补偿，主要通过政府政策引导、项目支持等方式大力发展环保产业，其优势在于政策稳定性强，易推广，覆盖面广；其缺点在于政策往往是自上而下制定的，灵活性差，不能兼顾受偿方的利益诉求，因而政策效果有限（曹明德，2010）。技术补偿又称智力补偿，具体表现为向环境保护者提供环保生产技术指导和咨询服务等（赵雪雁等，2010）。技术补偿具有较强的可持续性和可执行性，但存在项目周期长、见效慢的缺点。

鉴于以上五种生态补偿方式各有其优缺点与具体形式，政策设计者需要依据受偿方的利益诉求和行为模型对这些补偿方式进行科学设计，进而出台具有激励性和可操作性的补偿政策。具体到农业面源污染治理中，农户对补偿方式的选择偏好将直接影响到污染治理成果和补偿政策的可持续性，因而补偿政策的制定环节应充分考虑农户对补偿方式的选择意愿，这个问题也是本书的重点研究内容之一。

2.1.3 文献评述

综上所述，国内外学者已在农业面源污染治理和生态补偿政策方面做出了大量研究，取得了丰富的研究成果。这些研究成果为本书的写作奠定了坚实的理论基础，提供了丰富的实践经验，但仍有以下三个方面需要改进。

第一，关于农业面源污染治理生态补偿的研究不足。农业面源污染治理的公共物品属性已得到学界广泛认可，但如何从污染源头着手进行治理的问题仍然存在。激励农户积极主动参与到农业面源污染治理中的研究主要聚焦在农户对环境友好型生产方式的采纳意愿和采纳行为上，关于如何将农业面源污染治理与生态补偿政策有机结合的研究相对较少。

第二，生态补偿标准多聚焦于单一主体的成本或效益，缺乏基于成本和效益双重视角的研究经验。综合来看，学界关于生态补偿标准的研究多集中于成本视角，辅以部分生态系统服务价值视角的研究，这种测算方法不能兼顾公平和效率，补偿效果存疑。同时，前人关于生态补偿标准下限的测算多依据直接经济成本、机会成本、发展成本三者的综合，忽视了生态保护者在生态环境保护中获得的生态效益，这就导致既有研究中的成本补偿高于生态保护者可接受的补偿标准下限，违背了社会成本的最小化原则，造成一定程度的补偿浪费，降低了补偿效率。

第三，关于生态补偿方式的探讨多停留在定性分析层面，缺乏对参与主体利益诉求的定量分析。实践中生态保护者对生态补偿方式的态度直接决定生态补偿的效果和效率，而定性研究往往不能精准表达生态保护者对生态补偿方式的选择偏好和响应机制，这就导致补偿机制的制定缺乏公众支持，影响补偿政策实施效果。

2.2　理论基础

2.2.1　福利经济学

1920 年，英国经济学家庇古出版了代表作《福利经济学》(Pigou，1920)，标志着传统福利经济学的产生。福利分析的基础是马歇尔（Alfred Marshall）基于边际效用价值理论提出的“消费者剩余”概念。基于此，庇古进一步提出可以用效用来表示个人福利，并将福利界定为可以直接或间接用货币单位计量的那部分效用，即物质福利，又称经济福利。换言之，庇古认为一个人的福利来源于他自己的某种满足，这种满足可由对商品的占有、使用、认知、情感等而产生，而全社会个人福利的加总便是社会福利的内容。

20 世纪 30 年代，旧福利经济学中的价值判断和基数效用理论引起了广泛争论，最终“偏好”福利经济学取代了“效用”福利经济学。约翰·希克斯（John Richard Hicks）和艾伦·斯威齐（Alan Sweezy）在维尔弗雷多·帕累托（Vilfredo Pareto）原始理论积累的基础上，结合序数效用理论，创立了新福利经济学。新福利经济学采用序数效用理论代替基数效用理论，使得福利的比较成为现实；同时，帕累托最优标准也成为评判经济决策是否需要改进的重要准则，但实际上该标准仅是一个“公平”的标准，无法表达福利再分配的“效率”问题。

之后，希克斯提出的卡尔多-希克斯改进弥补了帕累托最优标准的不足。按照卡尔多-希克斯改进中的效率标准，在资源重新配置的过程中，如果人群增加的福利足以补偿在资源重新配置过程中受到损害的人的福利（受益人增加的福利大于受损人的损失），那么就可以通过受益人对受损人的补偿而提高资源配置效率，进而实现全社会福利的最大化。实践中，若决策者意识到消费者的某种或多种偏好，那么消费者剩余则会成为福利的一种表达方式。在此前提下，若政府以社会福利最大化作为制定相关政策的目标，则其可以缓解政府失灵和市场失灵，最终实现全社会公众福利水平的提高。因此，卡尔多-希克斯改进成为平衡不同利益相关者成本收益的主要依据，被广泛应用于公共政策的制定和评价环节（杨正勇等，2015）。帕累托改进与卡尔多-希克斯改进是人类管理和利用自然资源的两种方式，具体可用图 2-1 进行表述。

假设市场上有 A、B 两个消费者，E 是某物品消费的起始点，此时消费者 A 和消费者 B 的初始效用分别为 U_{A0}、U_{B0}。

假设现在发生某项变革，社会福利发生了变化。图 2-1 中的左图表示帕累托改进，从 E 点（U_{A0}，U_{B0}）到 H 点（U_{A1}，U_{B1}）变化的过程中既没有降低消费者 A 的效用（$U_{A1} \geq U_{A0}$），也没有降低消费者 B 的效用（$U_{B1} \geq U_{B0}$），因此，E 点属于非帕累托最佳状态，而 H 点属于帕累托最佳状态。实际上，只要变化后的 H 点处于 F 点到 G 点之间，这种变化均属于帕累

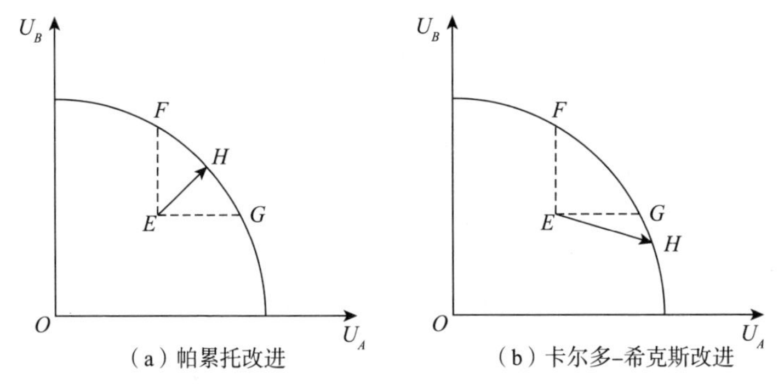

图 2-1　帕累托改进和卡尔多-希克斯改进

托改进。右图表示卡尔多-希克斯改进，从 E 点（U_{A0}，U_{B0}）到 H 点（U_{A2}，U_{B2}）变化的过程中，消费者 A 的效用增加了（$U_{A2}>U_{A0}$），而消费者 B 的效用减少了（$U_{B2}<U_{B0}$），但消费者 A 增加的效用大于消费者 B 减少的效用（$U_{A2}-U_{A0}>U_{B2}-U_{B0}$）。因此，从整个社会来看，$E$ 点和 H 点之间存在社会整体福利提高的可能。

生态补偿就是在卡尔多-希克斯改进的基础上提出的，其本质是生态保护受益者（受益人、地区或行业）对生态保护者（保护人、地区或行业）的经济损失提供相应补偿，最终实现生态环境保护和全社会福利的提高。

2.2.2　外部性理论

外部性研究起源于阿尔弗雷德·马歇尔的《经济学原理》一书，他在书中首次提出了“外部经济”的概念，他认为，企业发展的动力源泉是内部经济与外部经济。内部经济的内涵是优化内部资源、提高整体运行效率，这一内涵与现在所说的规模经济相仿；外部经济指的是因某些外部因素而产生的成本减少、效率提高。外部经济即正外部性，具体指经济体的生产行为给其他经济体带来的正面影响，并且这种正面影响并未有任何形式的回馈；外部不经济即负外部性，具体是指经济体的生产行为给其他经济体带来的负面影响，并且未产生任何形式的交易或给予相应的弥补，换言之，受到消极影响的一方并没有因经济损失而得到任何好处或者补偿。

大部分经济学者对上述外部性的概念和分类表示认同，但仍有部分学者对外部性的定义持有不同观点。其中最具代表性的是庇古，他通过系统总结马歇尔的研究，正式给出了外部性的概念：若生产者的社会边际产出大于私人边际产出，则该生产行为将带来社会福利的增加，即为正外部性；若生产者的社会边际产出小于私人边际产出，则该生产行为将导致社会福利的下降，即为负外部性。为解决外部性带来的市场失灵问题，庇古提出了庇古税的概念，即在衡量外部影响的基础上，应通过税收的方式来弥补负外部性行为导致的私人成本和社会成本之间的差距，最终实现外部效应内部化。

如何将环境保护的外部性内部化一直是环境经济学研究的热点问题，除了庇古税，学者们还提出了排污许可证制度、押金制度和补贴制度。究其根本，环境保护外部性内部化的关键在于产权的界定，谁拥有产权，谁就有权向环境破坏方或环境保护相对方收取相应的费用。本书认为，在制定农业面源污染治理生态补偿政策的过程中，应赋予农民污染权，主要有三个原因：第一，鉴于农业面源污染的隐蔽性、扩散性和监管难的特点，农民的环境友好型生产措施是最有效的治理方式；第二，考虑到上文提到的中国二元经济发展体制的历史遗留问题，新中国成立以来，农业剩余向工业转移，农村经济发展滞后于城市，农民承担了额外的社会成本，因此学者们提出工业欠账论、农业弱质论、二元经济论、农业多功能论、公平竞争论和农业外部性理论等（曹俊杰，2017），工业反哺农业成为我国进入工业化中期后的重要发展战略；第三，在农民进行农业面源污染源头控制的同时，城镇居民并没有为其获得的生态系统服务改善效益付费，存在社会公众“搭便车”现象。因此，推动农业面源污染治理，将农业面源污染治理外部效应内部化的关键是消费生态系统服务的城镇居民向承担治理成本的农民进行经济补偿，这也是本书提出将农业面源污染治理与生态补偿政策相结合的初衷。

2.2.3　公共物品理论

根据古典经济学理论，消费产品划分为私人产品和公共物品，其中公共物品是指具有非排他性和非竞争性的产品，具有典型的正外部性。非排他性指的是生产者不能阻止或避免未付费的消费者使用该公共物品；非竞争性指的是多个消费者可同时使用该公共物品，并且所有消费行为不对其他消费者产生影响。公共物品在使用过程中，容易发生“搭便车”和“公地悲剧”现象（戈华清、蓝楠，2014）。这两种现象具有特定的含义。第一，“搭便车”。“搭便车”即针对某个公共物品，当消费者意识到其非竞争性和非排他性特征时，大部分消费者将更倾向于选择等待其他人付费之后免费使用，这样就会不可避免地出现“搭便车”现象。但如果所有社会成员都选择“搭便车”，那么最终结果就是谁也享受不到公共物品。第二，“公地悲剧”。假设自然界、政府或者某个经济主体向公众提供了某公共物品，由于公共物品的非排他性，任何消费者都可以免费消费该公共物品，过量无序使用和缺乏合理维护将导致该公共物品损坏或服务质量下降，出现“公地悲剧”。

农业面源污染本质上是一种典型的“公地悲剧”现象。

早期人类社会对生态系统服务价值的认识有限，农民为了自身经济效益，大肆使用化工产品，破坏了农业生态系统的平衡，导致农业生态系统退化。随着生态文明建设的逐步推进，“绿水青山就是金山银山”和生态付费的观念逐渐得到全社会的认同。具体到农业面源污染治理，社会公众应当为其所获得的生态系统服务改善效益付费的观点也逐渐得到认可（韩洪云、杨增旭，2010；韩洪云等，2014）。

农业生态系统服务是社会全体成员都可以同等享受的商品，具有准公共物品性质，因此农业面源污染治理具有显著的正外部性。农业面源污染治理的准公共物品性质决定了应由政府牵头进行生态补偿。这种涉及全社会公众的准公共物品的供给，单纯依靠市场“看不见的手”是无法实现供需平衡的，还需要政府“有形的手”进行干预。简言之，应由政府这一社会利益代理人牵头进行农业面源污染治理，对利益相关者的福利效应进行评估和再分配，最终实现个体福利最大化与社会福利最大化的统一。

2.2.4 环境资源价值理论

生态系统服务（Ecosystem Services，ES），亦称生态系统的产品与服务（Ecosystem Goods and Services），这一概念最初出现在 *Study of critical environmental problems，man's impact on the global environment：Assessment and recommendations for action*（Gymer，1970）中，表示生态系统对人类生存的重要性。由于生态系统的复杂性与服务功能的动态性等特征，学术界在对生态系统服务的定义上存在争议和分歧。联合国环境规划署（UNEP）2005 年发布的千年生态系统评估（Millennium Ecosystem Assessment，MA）项目将生态系统服务定义为“人类从生态系统中获得的各种效用”；根据生态系统服务的作用过程和影响机理，美国国家环境保护局（Environmental Protection Agency，EPA）将生态系统服务划分为中间服务和最终服务，并进一步将生态系统服务定位为“生态系统对人类福祉和效益的直接或间接贡献”。

从生态系统服务整体框架来看，学者们将生态系统服务功能划分成三大类：第一类是生态系统通过生产环节直接为人类提供原材料或者可直接使用的产品，例如水、粮食和纤维等；第二类是一直被人们视为理所应当但价值易被忽视的支撑人类和生态环境运行的功能，如生态系统平衡、气候调节、花粉传播与物种延续等；第三类是近年来逐渐引起广泛关注的休闲娱乐与美学享受，如旅游、渔猎、漂流、划船、滑雪等。Costanza 等（1997）在其经典研究“The value of the world's ecosystem services and natural capital”中对生态系统服务功能作了更为详细的划分，主要包括土壤形成、授粉、养分循环、废物吸收、动植物栖息地、基因资源、文化娱乐等 17 种类型。国内外研究学者围绕生态系统服务与生态系统结构、功能的关系，生态系统服务及其价值的概念和合理分类等基础内容展开了广泛研究，建立了较为成熟的生态系统服务评估框架。在生态系统服务功能划分的基础上，生态学和环境经济学专家围绕生态系统服务价值评估做了大量工作。综合前人的研究（Costanza et al.，1997；Turner et al.，2000；谢高地等，2008），根据生态系统服务功能的作用机理，学界将生态系统经济全价值划分为使用价值和非使用价值，其中使用价值可细分为直接使用价值、间接使用价值和部分选择价值，非使用价值可细分为馈赠价值、存在价值和部分选择价值，全价值的内容结构具体如图 2-2 所示。

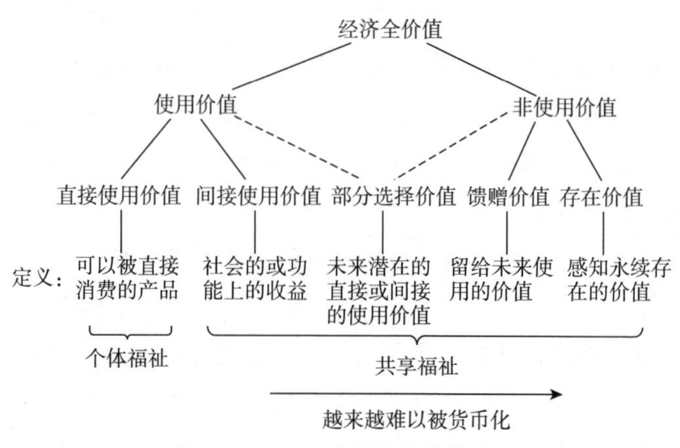

图 2-2　生态系统服务价值的内涵

缺乏正确的生态系统价值观是农业面源污染治理难的深层原因。农业生态系统价值的研究经历了由单一价值到全价值核算的过程（唐秀美等，2016），研究结论由农地生态系统具有简单的经济产出逐渐过渡到农业生态系统价值包含经济价值、社会保障价值和生态价值（Choumert and Phélinas，2015；Sutton et al.，2016）。

在生态系统服务价值框架的基础上衍生出了多种生态系统服务价值评估方法。目前较广泛采用的方法体系将生态系统服务价值评估方法划分为三类：直接市场评估法、替代市场评估法（揭示偏好法）和假想市场评估法（陈述偏好法）。其中，直接市场评估法包括生产效应法、重置成本法、影子工程法、剂量-反应法、人力资本法、防护支出法、疾病成本法、机会成本法、恢复费用法和替代成本法等，它适用于有影子价格可参考、资源数据充分准确的环境价值计算（黄伟源，2000）。替代市场评估法主要包括资产价值法、工资差额法和旅行费用法等，在市场机制不充分或实物计量比较困难的情况下，该方法可在一定程度上替代直接市场评估法（邢美华等，2007）。目前常用的假想市场评估法主要包括条件价值评估法（Contingent Valuation Method，CVM）和选择实验法（Choice Experiments Method，CEM），它是用于非市场价值评估的前沿方法，适用于实际市场和替代市场都失灵的情况下评估生态系统服务价值（樊辉、赵敏娟，2013）。

2.3 研究框架构建

2.3.1 总研究框架

笔者在相关概念界定和理论分析的基础上，构建本书的总研究框架，具体如图 2-3 所示。农业面源污染治理最直接有效的方式是源头治理，即从农户生产源头着手鼓励其减少化肥、农药投入和进行农业废弃物回收等环境友好型生产行为。上述源头治理措施将对社会产生两方面影响：一方面，提高农业生态系统服务的水平，如提高农产品质量，改善土壤、水体、空气的质量，保障食品安全等；另一方面，由于受技术约束，这些源头治理措施不可避免将会造成农业减产，导致农户经济损失。综合上述分析可知，农业面源污染治理将提高全社会的生态效益。对城镇居民而言，这部分改善的生态效益的获取成本为零；但是对于农户而言，这些改善的生态效益并不能弥补其因治理产生的经济损失，这将导致其治理成本远大于收益，具体如图 2-3 上半部分所示。这种城乡居民的福利分配不均衡问题，进一步揭示了对农户进行经济补偿的必要性。

生态补偿是均衡环境保护利益相关者间福利的经济手段。在设计农业面源污染治理生态补偿政策的过程中，本研究综合考虑生态补偿机制内容和农业面源污染治理中利益相关者的成本效益，设计了包含补偿标准和补偿方式等内容的农业面源污染治理生态补偿框架，系统回答了农业面源污染治理中如何补偿的问题，具体如图 2-3 中的下半部分所示。一方面，测算补偿标准需考虑城镇居民获取的生态效益和农户参与治理的机会成本。城镇居民获取的生态效益来自其从农业生态系统服务改善中获得的外部效应。农户的机会成本效益测算应综合考虑其选择环境友好型生产行为的经济损失和农业面源污染治理带来的生态效益。另一方面，鉴于农户具有农业面源污染治理的执行者和生态补偿客体的双重身份且生态补偿目标是充分提高农户的参与率，生态补偿方式的设计应充分考虑农户的选择偏

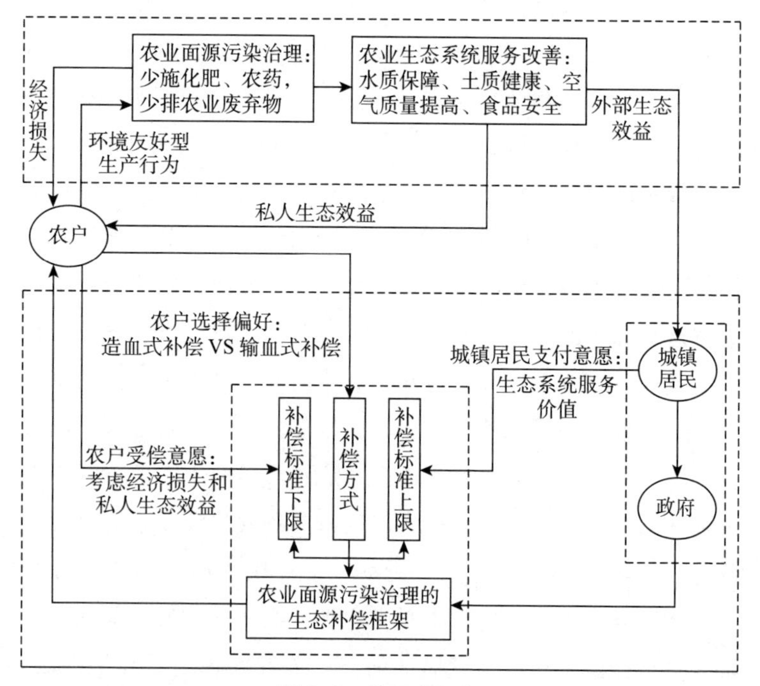

图 2-3　总研究框架

好，重点分析农户对造血式和输血式补偿的选择行为，据以设计生态补偿政策篮子。此外，在设计生态补偿政策的过程中，政府起着重要作用：一方面，政府作为公众利益的代表，理应代替城镇居民对农户进行补偿；另一方面，作为社会秩序的规范者和维护者，政府应充分考虑城乡居民的需要和社会经济发展需要，设计和出台科学合理的生态补偿政策。

2.3.2 补偿标准的测算依据

就农业面源污染治理而言，合理的补偿标准既要对农户形成足够的激励，又要兼顾社会支出最小化原则，实现公平与效率的统一。农户是农业面源污染治理生态系统服务的供给者，城镇居民是该生态系统服务的消费者，合理的补偿标准应兼顾供需双方（农户和城镇居民）的成本效益。

图 2-4 解释了如何基于农户视角测算农业面源污染治理生态补偿标准的下限。假设在无治理情境下，农户效用水平仅取决于农业生产效益 B_0。在有治理无补偿情境下，农户因农业面源污染治理行为造成效益下降，农业生产效益为 B_1，此时，农户的整体效益由农业生产效益 B_1 和其因环境改善获得的生态效益 P_1 组成。显然，在有治理无补偿的情境下 $B_1+P_1<B_0$，农户将不会主动采取相关污染治理措施。根据“谁保护补偿谁”的补偿原则，应对农户的农业面源污染治理行为进行经济补偿。在制定补偿标准的过程中，应坚持“公平、公正、真实”和“充分补偿”等原则，即至少应保证农户参与农业面源污染治理后的效用水平没有下降。基于上述讨论，在有治理有补偿的情境下，农户的生态补偿标准至少应为 $B_0-B_1-P_1$（$WTA=B_0-B_1-P_1$）。

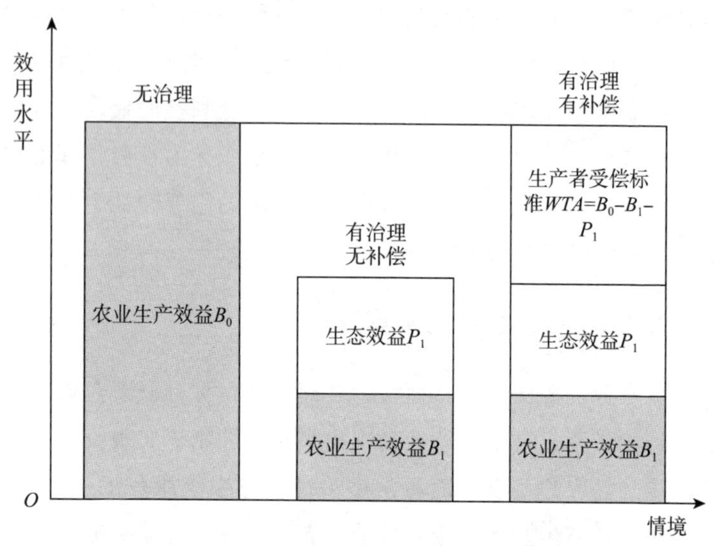

图 2-4　农业面源污染治理生态补偿标准下限

图 2-5 解释了如何从城镇居民视角测算农业面源污染治理生态补偿标准上限。该图是在 Pagiola 和 Platais（2007）提出的森林生态系统保护补偿标准测算框架的基础上所作的，在卡尔多-希克斯改进的基础上，Pagiola 和 Platais 提出应以森林生态系统保护的正外部性（如涵养水源、保护生物多样性、固碳等）作为生态补偿的最高标准。以此为依据，本书提出农业面源污染治理生态补偿应以农业面源污染治理在改善水质、提高土壤质量、保护生态景观、减少大气污染和提高农产品安全性等方面的正外部性（其所对应的生态系统服务价值）作为补偿标准上限。

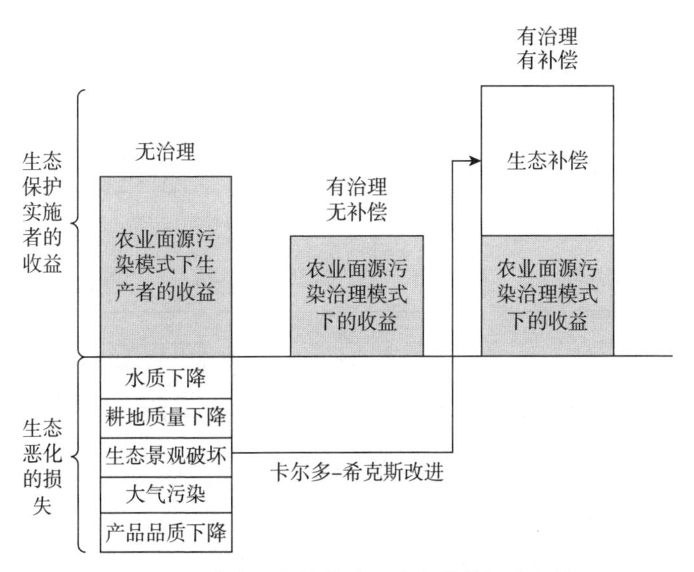

图 2-5　农业面源污染治理生态补偿标准上限

资料来源：Pagiola 和 Platais（2007）。

2.3.3　农业面源污染治理生态补偿框架设计

农业面源污染治理的生态补偿旨在调整利益相关者之间的利益关系，围绕人地关系，依据“谁受益谁补偿、谁保护补偿谁”的原则，通过相关法律法规、政策文件和制度规范的约束，引导和激励农业面源污染治理中利益相关者的行为（尤其是农户的生产行为）。

设计合理的补偿框架是建立补偿机制的第一要务，根据生态补偿的实践和前人研究成果，本书的农业面源污染治理生态补偿框架主要包括补偿原则、运作模式、补偿保障、补偿主体、补偿金、补偿标准、补偿方式、补偿客体等要素（具体见图 2-6）。

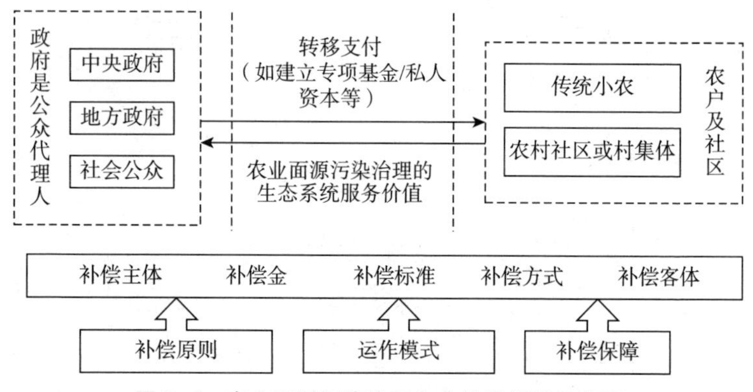

图 2-6 农业面源污染治理生态补偿框架示意图

2.3.3.1 补偿原则

构建科学合理的农业面源污染治理生态补偿机制，应遵循公平性、效率性、广泛性、政府导向与市场取向相协调的原则。

公平性原则主要体现在两个方面：一是“谁受益谁补偿”，即生态保护受益者应为其所消费的生态系统服务付费；二是“谁保护补偿谁”，这意味着应对生态保护者或者说生态系统服务供给者予以补偿。按照“谁受益谁补偿、谁保护补偿谁”的原则明确补偿主体和补偿客体，是实施生态补偿的首要条件。

效率性原则主要体现在补偿标准的制定中。在农业面源污染治理中，满足效率性原则的补偿标准既要对补偿客体（农户）产生有效的激励作用，又要满足社会支出最小化原则，以减轻财政压力，实现社会福利最大化。

广泛性原则是指在制定农业面源污染治理生态补偿政策的过程中，应充分考虑各类利益相关者的利益诉求，使其广泛参与到农业面源污染治理以及生态补偿的全过程，提升农业面源污染治理生态补偿政策的实施效果和效率。

政府导向与市场取向相协调的原则是指政府制定相应的法律、政策时要与市场机制接轨，给予市场价格机制宽松的政策环境和适宜的政策约束。这一原则的本质是通过建立和完善能够反映农业面源污染治理资源化产品（比如有机大米、绿色蔬菜）生态价值和经济价值的价格机制，引导农户的环境友好型生产行为，最终实现农业资源的协调配置和生态价值的市场化。

2.3.3.2　运作模式

一般来说，国内外常见的生态补偿实践模式主要分为市场主导型和政府主导型。其中，政府主导的补偿模式更适用于农业面源污染治理这种公共物品性质的补偿，它是生态保护中最常见的形式，多通过制定相关法律法规、税费制度、提供专项基金或出台其他补贴政策等方式进行财政转移支付，实现利益的再分配。

政府主导的补偿模式在农业面源污染治理中具有适用性和合理性。首先，对消费者而言，农业系统所提供的生态系统服务具有非排他性和非竞争性。作为公众代表的政府，其主要责任是维护公众利益。换言之，维护公共物品供给安全是政府的主要职能之一，因此，制定农业面源污染治理生态补偿政策应由政府主导。其次，由于农业面源污染的广泛性、潜伏性、隐蔽性等特征，其责任主体难以确定，加之农业面源污染的流动性导致监督和治理的成本较高，因此农业面源污染治理需要村镇或者社区统一安排、统一监管。最后，农业面源污染已导致全社会公众福利下降。尽管社会公众对农业生态系统服务具有一定的购买意愿，但由于利益相关者数量众多，且公众对生态福利的主观评价存在较大差异，这类服务难以通过市场机制进行定价和交易，因此农业面源污染治理的实现需要政府的介入。具体而言，在农业面源污染治理生态补偿中，政府的职能是以国家生态安全、生态-社会-经济系统的协调发展为原则，通过财政转移支付、项目扶持、减免税费、财政补贴等方式向污染治理的成本承担者提供补偿。

2.3.3.3 补偿主体

根据“谁受益谁补偿”的原则，农业面源污染治理的补偿主体应该是未承担污染治理成本却消费了对应生态系统服务的个人或集体。因此，城镇居民作为农业生态系统服务的消费者，自然成为补偿主体。同时，由于补偿主体的广泛性和分散性，作为公权力代表的政府应成为补偿主体的代理人。

2.3.3.4 补偿客体

根据“谁保护补偿谁”的原则，农业面源污染治理生态补偿客体是积极进行污染控制或对污染治理工作的展开发挥推动作用的个人或集体。立足我国基本国情和农业面源污染治理特征，现阶段农业面源污染治理的补偿客体主要是采取环境友好型生产行为的微观农户。然而在对农户进行补偿过程中也存在两个问题：一是当前的小农生产方式导致农户普遍经营规模较小，加之农村劳动力流动性较高，对污染治理情况难以进行有效的监管；二是由于农业面源污染的流动性和扩散性，农业面源污染治理需要在大范围统一实施才能取得相应的效果。因此，本书认为，虽然农户是农业面源污染治理生态补偿客体，但具体治理实践和补偿应以村集体或社区为单位开展。补偿主体与补偿客体间的关系如图 2-7 所示。

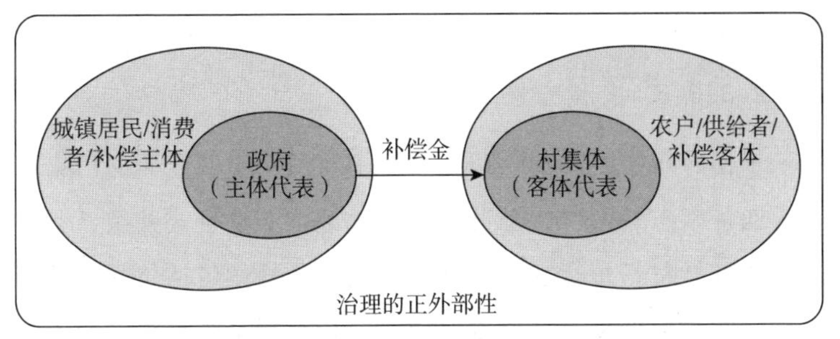

图 2-7　农业面源污染治理生态补偿的主客体关系

2.3.3.5　补偿金与补偿标准

农业面源污染治理补偿金的来源以政府财政转移支付为主，具体通过设立生态建设项目、专项生态修复基金等方式展开。具体到农业面源污染治理，补偿金可能有以下几种来源途径：第一，明确农业面源污染治理中各级政府间的责任与义务，建立由中央政府到地方政府的纵向财政转移支付制度；第二，完善区域间农业面源污染的合作共治机制，完善生态系统服务价值交易平台，建立地方政府之间的横向财政转移支付制度；第三，引入市场价格机制，进行农业面源污染治理副产品的市场交易，使“绿色食品”“有机食品”等产品的市场价格既能涵盖经济价值又能体现部分生态价值。

制定科学合理的补偿标准是进行农业面源污染治理生态补偿的关键。合理的补偿标准应兼顾公平和效率原则。根据公平原则，生态补偿标准的上限是消费者获得的全部生态福利，这意味着应根据农业面源污染治理带来的生态系统服务改善效益进行补偿，具体而言，可以通过城镇居民对农业面源污染治理支付意愿进行估价。根据效率原则，生态补偿标准的下限是治理的全部成本，具体应包括农户进行农业面源污染控制而损失的经济效益和付出的机会成本。

2.3.3.6 补偿方式

根据补偿实践和前人研究，本书将适用于农业面源污染治理的四种生态补偿方式划分为造血式补偿和输血式补偿，其中造血式补偿包括资金和实物补偿，输血式补偿包括技术和项目补偿。四种具体生态补偿方式中，资金补偿是最常用、最直接的经济激励方式（葛颜祥等，2006），涵盖了财政转移支付、专项基金和减免税收等形式。实物补偿的目标是保障补偿对象的生存能力，因而其主要载体是土地、粮食、种子、绿色农药等生产物资以及房屋、家用电器等生活物资（王飞翔等，2015）。技术补偿的目的是增强补偿对象的生态环境保护意识，提高其环保生产技能以及再就业能力等，因此，技术补偿中补偿主体应向补偿对象提供生态环境保护培训、绿色生产技术指导和生产技术培训等（赵雪雁等，2010）。项目补偿主要通过政府政策引导、项目支持等方式大力发展环保产业，以带动就业和促进区域经济发展（曹明德，2010）。补偿方式是补偿政策“落地”的关键环节，农户对农业面源污染治理生态补偿方式的响应程度是补偿政策能否奏效的关键（杨新荣，2014），因而政策设计者需要综合评估农户对上述补偿方式的选择偏好，并据此设计具有最优激励效果的补偿方式政策集。

2.3.3.7 补偿保障

农业面源污染治理生态补偿政策的设计和实施需要相关保障措施的支撑。这些保障措施主要涉及相关政策法规和制度保障、资金筹措与技术支持保障、监督保障等，具体表现为如下几个方面。

第一，关于政策法规和制度保障。首先，在顶层设计中纳入生态补偿要求并制定相应的政策文件和法律法规，使农业面源污染治理生态补偿有章可循、有法可依；其次，加强相关管理体制建设，各级政府都应针对农业面源污染治理生态补偿设立相应管理部门，使国家的生态补偿规划能够顺利实施、污染治理责任清晰。

第二，关于资金筹措与技术支持保障。一方面，除国家财政转移支付之外，引导和鼓励私人资本、民营企业和外资等参与到农业面源污染治理的补偿机制中；另一方面，借助广大科研机构、高等院校，通过技术下乡、对口支援等方式解决农村生产技术匮乏的问题，同时建立耕地和水体的环境质量监测体系，跟踪记录农业面源污染治理效果。

第三，关于监督保障。农业面源污染治理生态补偿政策的实施效果具体体现在补偿金的分配效率和污染治理效果两个方面。扩大农业面源污染治理利益相关者的知情权和监督权是保障治理效果的重要途径，具体做法为：一方面，通过政策宣传、培训讲座、财政公开等方式增强农户的信息获取能力和主体意识；另一方面，广泛设立农业面源污染治理生态补偿监督机构和投诉中心，开通举报热线，鼓励农户及其他社会公众举报农业面源污染治理中的资金错配和污染治理失效问题。

2.4　本章小结

本章主要阐述了农业面源污染治理生态补偿研究中的相关概念、理论基础及研究框架设计。首先，梳理了农业面源污染和生态补偿这两个核心关键词的概念及其起源，并在此基础上进一步解释了农业面源污染治理与农业面源污染治理生态补偿的概念，明晰了本书的研究对象；其次，在对福利经济理论、外部性理论、公共物品理论和环境资源价值理论的起源与发展进行系统分析的基础上，剖析了农业面源污染治理及其生态补偿的理论背景，为后续研究奠定理论基础；最后，在前述概念界定和理论分析的基础上，搭建了本书的总体研究框架，并系统分析了框架中不同要素的作用和逻辑关系，进一步揭示了进行农业面源污染治理生态补偿的必要性和重要性，并系统回答了如何进行农业面源污染治理生态补偿这一关键问题。

第三章　农业面源污染治理与生态补偿：中国经验及研究区域概况

3.1　我国农业面源污染治理与生态补偿政策概述

3.1.1　我国农业面源污染及其治理

3.1.1.1　我国农业面源污染现状

改革开放以来，人口的迅速增长和经济体量的大规模扩张对农业生产提出了更高要求。虽然集约化的现代农业生产方式有利于农业产出的大幅提高，但也存在化肥和农药过量施用的现象。这些过度投入的化工产品导致严重的水体污染、大气污染、土壤退化、物种灭绝等一系列农业面源污染问题（世界银行，2008）。《第一次全国污染源普查公报》显示，农业面源污染已成为我国第一大污染源，这也是农业面源污染首次出现在官方统计数据中，该报告显示，来自农业面源污染的总氮为159.78万吨、总磷为10.87万吨，种植业地膜残留量约为12.10万吨。另外，水体污染物中与农业面源污染相关的化学需氧量（COD）、总氮和总磷的排放量分别为1324.09万吨、270.46万吨、28.47万吨，占全部污染物的比重分别为43.7%、57.2%和67.3%。

过量施用的化肥、农药和随意排放的农业废弃物是造成农业面源污染的主要原因。国家统计数据显示，改革开放以来，我国粮食产量由1978年的3亿吨增长到2017年的6亿余吨，有力保障了粮食安全并满足了经济发展需要。与此同时，我国的化肥施用量由1978年的884万吨增长到2017年的5859万吨（见图3-1），增长了5.63倍。按照我国农业生产技术水平，化肥的有效利用率只有30%~40%（宋燕平、费玲玲，2013），其中，氮肥、磷肥和钾肥利用率分别为30%~35%、10%~20%、35%~50%，整体来看，化肥的平均利用率低于发达国家15~20个百分点（赵同科、张强，2004；纪龙等，2018）。过量的化肥使用会破坏耕地的土壤结构，加速土壤中有机物质的流失，有研究表明，我国耕地有机质已降到1%，明显低于欧美国家耕地有机质含量2.5%~4.5%的水平（操秀英，2011）。此外，这些过量的化肥还会加重水体的富营养化，并进一步导致农产品中的硝酸盐含量超标，最终危害人类健康。鉴于上述情况，减少化肥施用量、提高化肥利用率迫在眉睫。

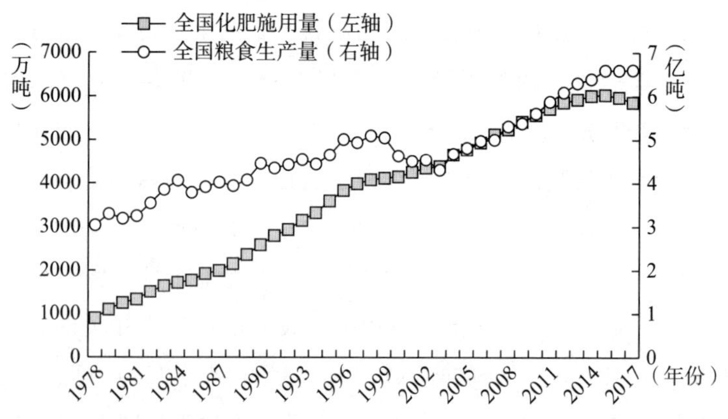

图3-1 1978~2017年全国粮食生产量及化肥施用量

资料来源：相关年份的《中国农村统计年鉴》。

从化肥施用结构来看（见图 3-2），氮肥的施用量最大，但是其所占比例总体呈下降趋势；复合肥在 1995 年超过磷肥成为施用量仅次于氮肥的肥料，并且其所占比例呈增加趋势；磷肥所占比例呈下降趋势；钾肥的施用量和所占比例总体上也呈现增长的趋势。综合来看，氮肥、磷肥施用量逐渐得到控制，相比之下，复合肥和钾肥的施用量却在增加，这与国家优化施肥结构的基本要求是相符的，在一定程度上反映了我国施肥结构的升级。

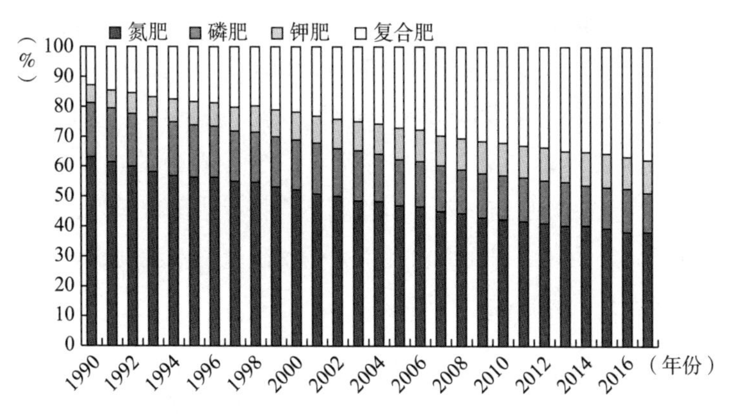

图 3-2 1990~2017 年全国化肥施用结构

资料来源：相关年份的《中国农村统计年鉴》。

我国是农药生产大国，近年来农药施用量整体上表现出增加的趋势（见图 3-3）。1990 年我国农药施用量为 73.3 万吨，居世界第二，仅次于美国。2007 年我国农药生产量为 173.1 万吨，首次超过美国，成为世界第一大农药生产国。2017 年我国农药施用量为 165.5 万吨，单位面积施用量为 12.26 千克/公顷，远超世界同期平均水平。造成农药过量施用的原因主要有两个。第一，农药的有效利用率低。调查数据显示，我国使用的农药中，大概有 1%到 4%能够接触目标害虫，5%到 30%消散在空气中，10%（粉剂）到20%（液体）附着在农作物上，40%到60%最终进入土壤和水体（任军等，2010），综合来看，全国农药的有效利用率仅为20%～30%（洪晓燕、张天栋，2010）。第二，农药使用不正确。由于缺乏有效的技术指导与使用信息，农户往往倾向于多施农药来确保消灭害虫。调查显示，农户的农药施用量往往比推荐剂量多出1～2倍甚至更多（王常伟、顾海英，2013）。这些过量的农药会进入土壤、水体和大气，不仅造成大量益虫鸟兽和鱼虾等水生生物的死亡，破坏生物多样性和生态系统平衡，还会引发一系列食品安全问题，危及人类生命健康。例如，2018年法国的"威百亩"中毒事件、2017年我国山东寿光的"毒大葱"事件、2010年我国海南省"毒豇豆"事件等都可归咎于农药的过量施用。另外，大量农产品因农药残留检验不合格无法出口国外，不仅造成了一定的经济损失，由此引发的贸易壁垒对我国农业经济的发展也是一大挑战。

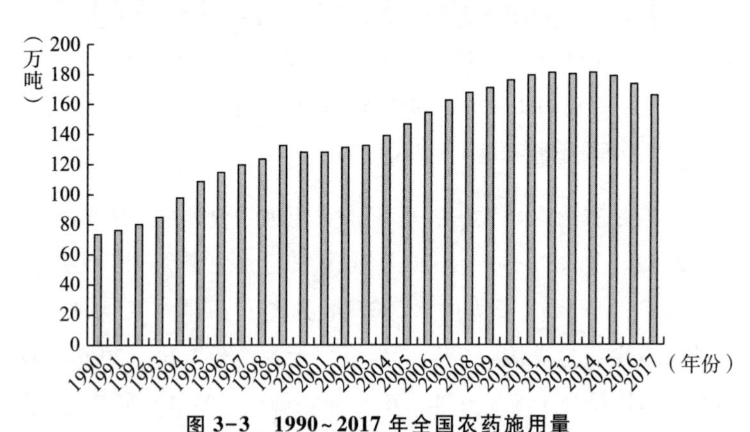

图3-3 1990～2017年全国农药施用量

资料来源：相关年份的《中国农村统计年鉴》。

农业废弃物也是农业面源污染的重要来源。耕地利用过程中产生的农业废弃物主要包括秸秆、农膜和农药包装物。据农业部推算，2013 年全国秸秆总产量及其可收集利用量分别为 9.64 亿吨和 8.19 亿吨，实际利用量约 6.22 亿吨，综合利用率仅为 76%（王衍亮，2015）。未被利用的秸秆主要有两种处理方式：一是就地焚烧，这不仅会造成空气污染，危害人体呼吸系统，还会降低大气能见度，影响公共交通和生态环境安全；二是弃置田沟或堆入河沟湖泊，经风化、雨淋等过程最终腐烂，这个过程会导致部分有机物进入水体造成二次污染。

农膜对提高农作物产量发挥着不可替代的作用，也是农业面源污染的重要成因。20 世纪 90 年代起，我国农膜的生产量和使用量均已达到世界第一。近年来我国农膜使用量不断增加，由 1990 年的 48.2 万吨增长到 2017 年的 252.8 万吨，增长了 4.24 倍（见图 3-4）。当前由于农膜的广泛使用和相应的回收处理技术匮乏，残留的农膜往往无处不在，农村“白色污染”问题日趋严重。农膜残留的危害十分严重，主要表现在以下几个方面：第一，破坏土壤结构，降低耕地质量；第二，影响农产品出苗，并进一步影响农业产出；第三，影响农机作业，导致播种和施肥效率下降；第四，现已发生多起牲畜误食农膜并危及生命的事件。

据估计，我国每年废弃的农药包装物约超过 32 亿个，重量超过 10 万吨，同时包装中残留的农药成分为 2%～5%（焦少俊等，2012）。这些农药包装物的材料大多不可降解，会长期存留在土壤中，并且可降解的部分其降解时间可达几十年乃至上百年。这些农业废弃物不仅会污染土壤，阻碍农作物根系生长，影响农机作业，同时也会污染水体，堵塞沟渠，威胁水体安全。

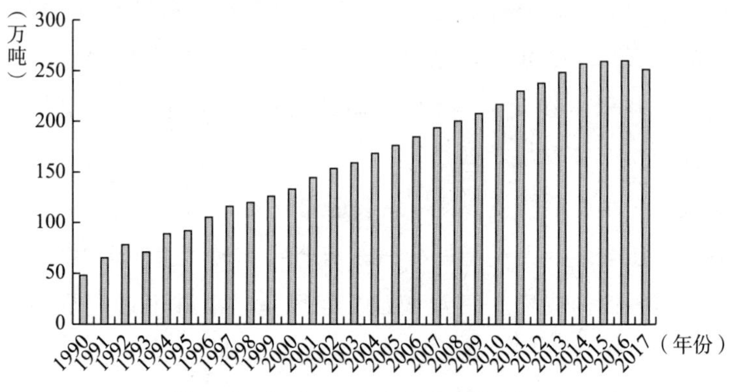

图 3-4　1990~2017 年全国农膜使用量

资料来源：相关年份的《中国农村统计年鉴》。

3.1.1.2　中国农业面源污染治理政策的发展实践

早在 20 世纪 90 年代，我国政府便开始重视农业面源污染问题。1993 年《中华人民共和国农业法》首次以国家大法的形式提出要防治农业污染，明确提出“农业生产经营组织和农业劳动者应当保养土地，合理使用化肥、农药，增加使用有机肥料，提高地力，防止土地的污染、破坏和地力衰退”。2001 年国家环保总局、国家发展改革委制定的《国家环境保护“十一五”规划》中明确提出“开展农村面源污染综合治理的试点、示范。推广科学施用农药、化肥，提高农药、化肥利用效率”，这是“面源污染”首次出现在国家规划文件中。2004 年修订的《中华人民共和国固体废弃物污染环境防治法》中强调了农膜回收问题。2007 年出台的《农业部办公厅关于进一步加强秸秆综合利用禁止秸秆焚烧的紧急通知》着重强调了秸秆禁烧和回收利用问题。2010 年公布的《中华人民共和国国民经济和社会发展第十二个五年规划纲要（2011—2015

年）》中明确把治理农药、化肥、农膜、畜禽养殖等造成的农业面源污染作为农业环境综合整治的重点内容，要求到2015年农业COD和氨氮排放量要比2010年分别下降8%和10%，这是首次在国家规划中对农业面源污染治理提出硬性要求。2014年修订的《中华人民共和国环境保护法》中明确要求"……科学合理施用农药、化肥等农业投入品，科学处置农用薄膜、农作物秸秆等农业废弃物，防止农业面源污染。禁止将不符合农用标准和环境保护标准的固体废物、废水施入农田。施用农药、化肥等农业投入品及进行灌溉，应当采取措施，防止重金属和其他有毒有害物质污染环境"，这表明中央政府对农业面源污染的重视程度进一步提高。

2015年是农业环境政策出台和落实较密集的一年，该年出台的中央一号文件《关于加大改革创新力度加快农业现代化建设的若干意见》专门强调了农业生产治理，并辅以《农业环境突出问题治理总体规划（2014—2018年）》和《全国农业可持续发展规划（2015—2030年）》，使得我国农业可持续发展有据可循。2015年《农业部关于打好农业面源污染防治攻坚战的实施意见》印发，正式打响了农业面源污染治理的攻坚战。该意见提出：到2020年实现控制农业用水总量；减少化肥、农药使用量，将化肥、农药利用率提高到40%以上，全国重要农作物化肥、农药施用量实现"零增长"；实现禽畜粪便、农作物秸秆、农膜基本资源化利用的"一控两减三基本"目标任务。围绕上述意见，农业部同时出台了化肥、农药零增长的行动方案（《到2020年化肥使用量零增长行动方案》和《到2020年农药使用量零增长行动方案》）和回收农药包装废弃物的工作规划（《农药包装废弃物回收处理管理办法（试行）》）。2016年国务院印发《土壤污染防治行动计划》，这是首个防治土壤污染的全国性纲领，在保护、治理、修复、监督等多个环节对农业面源污染防治提出了明确目标。

综上可知，我国农业面源污染治理的相关政策不仅包括全国性法律法规、国家专项规划，还包括具体的行动方案，足以证明我国治理农业面源污染的决心和力度。

3.1.2 我国生态补偿政策的发展

3.1.2.1 我国生态补偿政策变迁

生态补偿政策在环境保护中的重要意义已引起了党中央、国务院的高度重视。生态环境保护部门通过出台法规、行动指南等方式提出了保护海洋、湿地、流域、森林和重点生态功能区的多个生态补偿条例。2005 年是生态补偿机制改革元年，从这一年起加快建设生态补偿机制的倡议频频出现在国家和各地区规划文件中。2005 年《国务院关于做好建设节约型社会近期重点工作的通知》中提到“在理顺现有收费和资金来源渠道的基础上，研究建立和完善资源开发与生态补偿机制”，据此农业部出台的《关于落实〈国务院关于做好建设节约型社会近期重点工作的通知〉的意见》中进一步强调研究建立生态补偿机制，鼓励农民施用有机肥和采用环境友好型生产技术。2005 年《中共中央　国务院关于推进社会主义新农村建设的若干意见》强调：“加快发展循环农业。要大力开发节约资源和保护环境的农业技术，重点推广废弃物综合利用技术、相关产业链接技术和可再生能源开发利用技术。制定相应的财税鼓励政策，组织实施生物质工程，推广秸秆气化、固化成型、发电、养畜等技术，开发生物质能源和生物基材料，培育生物质产业。积极发展节地、节水、节肥、节药、节种的节约型农业，鼓励生产和使用节电、节油农业机械和农产品加工设备，努力提高农业投入品的利用效率。加大力度防治农业面源污染。”（中国政府网，2005）2006~2017 年的中央一号文件持续提出探索、建立和完善生态补偿制度的要求，将生态补偿摆在十分重要的位置。

2008 年党的十七届三中全会作出的《中共中央关于推进农村改革发展若干重大问题的决定》中再次强调“健全农业生态环境补偿制度，形成有利于保护耕地、水域、森林、草原、湿地等自然资源和农业物种资源的激励机制”。2013 年中共第十八届中央委员会第三次全体会议通过的《中共中央关于全面深化改革若干重大问题的决定》就加强生态文明建设进一步提出加快建立生态文明制度，建立国土空间开发保护制度，实行资源有偿使用制度和生态补偿制度。2014 年《中共中央　国务院关于全面深化农村改革加快推进农业现代化的若干意见》中强调支持地方开展耕地保护补偿。2016 年 3 月中央全面深化改革领导小组第二十二次会议明确提出了“探索建立多元化生态保护补偿机制”，“逐步实现森林、草原、湿地、荒漠、海洋、水流、耕地等重点领域和禁止开发区域、重点生态功能区等重要区域生态保护补偿全覆盖”；同年颁布的《国务院办公厅关于健全生态保护补偿机制的意见》明确要求建立农业面源污染治理生态补偿政策，提出“建立以绿色生态为导向的农业生态治理补贴制度”，“研究制定鼓励引导农民施用有机肥料和低毒生物农药的补助政策”。2017 年 10 月党的十八大报告再次强调健全耕地生态补偿政策，即根据保护耕地的基本国策，积极拓展轮作休耕试点，完善耕地、森林、草原、湖泊以及河流等的休养生息制度，建立多元化、市场化的生态补偿机制。2018 年，国家发展改革委等九部门联合印发了《建立市场化、多元化生态保护补偿机制行动计划》，要求“到 2020 年，市场化、多元化生态保护补偿机制初步建立……受益者付费、保护者得到合理补偿的政策环境初步形成”。

3.1.2.2 我国生态补偿实施困境

我国生态补偿的政策和计划大部分是原则性、指导性的建议，尚未形成完善的生态补偿体系。换言之，当前生态补偿机制尚不能有效调节生态保护利益相关者间的成本效益关系，不仅生态保护者的经济损失得不到有效补偿，生态破坏行为和生态服务功能持续退化也得不到有效遏止。具体来看，我国生态补偿实施困境主要集中在以下四个方面。

（1）缺乏系统的生态补偿制度安排。由于国家生态补偿机制尚处于形成初期，虽然财政、环保、农业、林业、水利等不同部门均根据各自职权开展了相关生态补偿实践，但是短时间难以形成国家统一的生态补偿制度。

（2）公众参与不足。当前生态补偿政策的出台多以政府单方决策为主，缺乏利益相关者参与协商的机制和平台，致使生态补偿的运行中发生公众参与不足以及补偿效率不高等问题。

（3）补偿标准低。当前大多数补偿标准的制定以政府财政能力为依据，没有充分考虑生态保护行为给保护者带来的直接经济损失。尤其是在许多地区生态补偿资金仅仅用于护林员的劳务费、预防病虫害和火灾等方面，其他个体的生态保护行为根本得不到任何补偿。

（4）缺乏相应评估与监督机制。生态补偿政策尚未配套生态保护效果评估机制与保护行为的监督机制，也没有相应的奖惩措施，以致容易出现生态补偿效率低以及生态补偿政策效果不明显等问题。

3.2　研究区域概况与样本描述性分析

3.2.1　研究区域概况

本书选择位于秦巴山地水源涵养功能区腹地的AK市和HZ市作为研究区域，该研究区域位于陕西省南部。陕西省位于黄河中游，是我国粮食大省。2008年，国家环境保护部和中国科学院在联合颁布的《全国生态功能区划》中首次提出建立秦巴山地水源涵养功能区。研究区域AK市和HZ市的生态典型性主要表现在以下三点：第一，研究区域地处秦巴腹地，北依秦岭，南靠巴山，是秦巴山地水源涵养功能区的中心区域；第二，两市不仅是汉江发源地，还是南水北调中线工程的水源涵养区；第三，两市在国家重点生态功能区建设中具有重要地位，先后被评为国家主体功能区建设试点示范市和国家生态示范区建设试点地区。

根据《陕西统计年鉴2017》，AK市和HZ市总人口分别为26.4万人和34.3万人，农业总产值分别为609268万元和1182629万元，常用耕地面积分别是19.73万公顷和20.52万公顷。AK市地表径流属于汉江水系，区内集水面积100平方公里以上的河流有73条，年径流总量为107亿立方米。汉江干流在HZ市境内的长度为277.8公里，占其全部长度的18.1%。

农业面源污染已成为该研究区域的首要水污染源。调查表明，2014年位于AK市和HZ市下游的丹江水库水质介于Ⅳ类与Ⅴ类之间，来自其上游的农业面源污染是造成下游水质恶化的主要原因，最大污染源就是过量的化肥、农药（朱媛媛、刘琰、周北海、江秋枫、吴德文，2016）。以研究区域内最大的支流汉江为例，经研究发现，汉江从AK市流出时氮含量为1.7毫克/升，属于重度水体污染（朱媛媛、田进军、李红亮、江秋枫、刘琰，2016）。此外，2012年这两个城市的化肥投入量高达272.6千克/公顷（赵佐平等，2012），远高于同期全球平均水平（120千克/公顷）。

另外，调研小组2016年的实地预调查结果显示，研究区域内随机抽取地块每公顷水稻、小麦和油菜的化肥投入量分别为328.35千克、297.15千克和319.65千克。考虑到研究区域双季轮作的特点（水稻分别与小麦、油菜轮作），每公顷农田化肥年平均投入量为625.5~648千克，是国际公认的单位施肥上限（225千克/公顷）的2.78~2.88倍。另外，农户预调研也发现农药投入量普遍存在种类多、用量大的特点（由于农药分为粉末和液体、品牌和含量不统一等原因无法统计其施用量）。

3.2.2 调研过程和样本特征

3.2.2.1 调研过程

调研小组在2016年11月针对AK市和HZ市的城乡居民进行了预调研。根据预调研的信息反馈，调研组对问卷中部分选项表述不清晰和与农业生产现状不吻合的问题进行了修正。在进行正式调研前，调研小组对调研员进行了严格的调研培训，为减少受访者的抗拒并保证调查数据的质量，要求调研员严格按照统一的流程和注意事项进行调研，例如：调研前明确说明调研数据主要用于科研项目，向受访者出示个人调研证和介绍信等；要求调研员能够客观公正地描述选择问题，尤其是对于涉及意愿和费用的问题严禁进行任何形式的态度引导；调研员需向受访者赠送相应调研礼品表示感谢；等等。

调研小组分别在 2016 年 12 月和 2017 年 12 月针对 AK 市和 HZ 市的农村居民和城镇居民进行了两次实地调研。两次调研共回收问卷 1236 份，其中 HZ 市 610 份，AK 市 626 份。具体而言，2016 年回收问卷 591 份，其中城镇居民问卷 300 份，农村居民问卷 291 份；2017 年回收问卷 645 份，其中城镇居民问卷 295 份，农村居民问卷 350 份。具体样本数量及分布情况如表 3-1 所示。在农村调研过程中，考虑到水稻的用水特性极易造成农业面源污染，本书选择水稻种植户作为研究对象。在整个数据收集期间，研究区域的生态条件和水稻生产政策没有变化。实地调研过程采取分层随机抽样的方法展开：首先，根据研究区域的农业生产情况、地形和规模，选取了 HY、HB、PL、QX、CG 5 个县（区）；随后，每个县（区）随机抽取 6 个自然村，每个村随机抽取 20～30 个农户展开面对面的问卷调查。调研员对户主进行了一对一的访谈，填写问卷。

表 3-1　城乡实地调研的样本数量及分布情况

单位：个

地域	年份	城镇	农村	合计
HZ 市	2016	130	146	610
	2017	154	180	
AK 市	2016	170	145	626
	2017	141	170	
总计		595	641	1236

城镇调研对象是在城镇长期居住并且不从事农业生产的居民。AK 市 311 份问卷的调研地点主要集中在 HB 区的主要街

道。HZ 市 284 份问卷的调研地点主要集中在 HT 区的主要街道。具体到调研地点的分布，调研小组根据人口比例和密集程度分配问卷数量，并采取随机抽样的方式对受访者进行一对一访谈。

3.2.2.2 人口禀赋特征

在实地调研获得的 1236 个样本中，农村居民样本为 641 个，占总样本的 51.86%；城镇居民样本为 595 个，占总样本的 48.14%。

表 3-2 给出了 641 个农村居民样本数据的描述性统计特征。受访者是男性的样本有 453 个，占比为 70.67%，受访者是女性的样本占比为 29.33%。显然受访者中男性占比高于女性，其原因在于，传统农民家庭中一般都是男性户主掌管家庭大小事务，为获得真实全面的调研数据，入户调研的过程中首选男性户主作为受访者。从样本统计来看，受访者的年龄均值是 57.27 周岁，这与当前农村留守人员以中老年人为主的现状相吻合。家庭资本禀赋方面，家庭平均规模是 4.56 人，家庭抚养比（老人和孩子等非劳动力人数与劳动力人数之比）均值为 0.31，耕地面积的均值是 4.13 亩。上述抽样数据的特征与《陕西统计年鉴 2017》的数据特征基本一致。

兼业化程度是指农户在从事农业生产的同时从事非农活动，并从非农产业获得相应收入的程度（张忠明、钱文荣，2014），通常用非农收入占家庭总收入的比重来表示。参考已有学者们的研究成果（陈晓红，2006；张忠明、钱文荣，2014），这里将非农收入占比为［0，10%］的农户定义为纯农户，将非农收入占比为（10%，50%］的农户定义为一兼农户，将非农收入占比为（50%，100%］的农户定义为二兼农户。根据这一定义可进一步得到抽样数据的均值为1.92。以往的调研经验表明，家庭收入的调查往往容易遭到受访者的拒绝，或者受访者倾向于回答一个较低的数值。为尽可能得到真实数据，在调研问卷中家庭总收入问题的答案设计了分段数据的形式，分为6个档级：1=2万元以下；2=2万（含）~4万元；3=4万（含）~6万元；4=6万（含）~8万元；5=8万（含）~10万元；6=10万元及以上。统计数据显示，农民家庭总收入的均值为3.09，说明农民家庭总收入的均值为4万（含）~6万元。

表3-2　农村居民样本数据的描述性统计

变量	最小值	最大值	均值	标准差
性别	0	1	0.71	0.46
年龄（周岁）	21	80	57.27	10.43
受教育年限（年）	0	16	6.10	3.78
家庭规模（人）	1	12	4.56	1.93
家庭抚养比	0	1	0.31	0.24
耕地面积（亩）	0.2	46	4.13	4.24
兼业化程度	1	3	1.92	0.85
家庭总收入（万元）	1	6	3.09	1.68

表3-3给出了595份城镇居民样本数据的描述性统计特征。受访者是男性的样本有384个，占比为64.54%，受访者是女性的样本占比为45.46%，男性占比略高于女性。从样本统计来看，受访者的年龄均值是49.42周岁，城镇居民的平均年龄略小于农村居民的平均年龄。受访者受教育年限的均值是11.51年，这一数据远高于农村居民的平均受教育年限，说明城镇居民受教育程度普遍较高。家庭资本禀赋方面，家庭平均规模是3.73人，有收入人数的均值是2.41，家庭抚养比为

0.31，抽样数据与《陕西统计年鉴2017》的数据特征基本一致。就家庭总收入而言，调研方式和数据设置与农村调研相同，城镇居民的家庭总收入均值为3.51，说明城镇居民的家庭总收入均值为4万（含）~6万元，但略高于农村居民的家庭总收入。

表3-3 城镇居民样本数据的描述性统计

变量	最小值	最大值	均值	标准差
性别	0	1	0.60	0.49
年龄（周岁）	22	85	49.42	13.24
健康状况	1	13	1.74	1.04
受教育年限（年）	0	26	11.51	4.04
家庭规模（人）	1	9	3.73	1.37
有收入人数（人）	0	9	2.41	1.00
家庭抚养比	0	1	0.31	0.23
家庭总收入（万元）	1	6	3.51	1.63

3.2.3 农户化肥、农药与农业废弃物的利用

3.2.3.1 化肥和农药过量施用的模型设定

本书借鉴仇焕广等人（2014）的研究，通过以下步骤测算水稻种植户的化肥和农药过量施用情况。

首先，以化肥为例，构建C-D生产函数模型来测算化肥的产出弹性，即：

$$F = \alpha Z^{\beta_0} \prod X_i^{\beta_i} \mu \tag{3-1}$$

式（3-1）中，因变量F代表亩均水稻产量；α和β_i为待

估参数；β_0 为化肥的产出弹性；Z 代表亩均化肥投入折纯量；X_i 代表亩均其他要素投入，包括种子投入、农药投入、机械投入、劳动投入和灌溉投入；μ 为随机误差项。

基于式（3-1）测算出化肥对水稻产量的边际效应为：

$$\frac{\partial F}{\partial Z} = \beta_0 \cdot \alpha Z^{\beta_0 - 1} \prod X_i^{\beta_i} \mu \tag{3-2}$$

上式可进一步简化为：

$$\frac{\partial F}{\partial Z} = \beta_0 \frac{F}{Z} \tag{3-3}$$

其次，根据利润最大化理论，当边际收益与边际成本相等时农户获得最大收益，化肥对水稻产量的边际效应等于化肥价格 P_Z 与水稻价格 P_F 之比，如式（3-4）所示：

$$\frac{\partial F}{\partial Z} = \frac{P_Z}{P_F} \tag{3-4}$$

将表示化肥对水稻产量边际效应的一阶偏导式（3-3）和农户利润最大化条件式（3-4）联立，即可得出每亩农田化肥的最优施用量测算公式：

$$Z_{optimal} = \frac{\beta_0 F}{P_Z / P_F} \tag{3-5}$$

最后，基于式（3-5）测算出每亩农田化肥最优施用量后，用每亩农田化肥实际施用量减去每亩农田化肥最优施用量得到每亩农田化肥过量施用量，即每亩农田化肥过量程度为：

$$Z_{overuse} = Z - Z_{optimal} \tag{3-6}$$

3.2.3.2　农户过量施用化肥的测算结果

剔除遗漏、不合理数据之后得到化肥施用量的有效数据

599份。农户化肥过量施用的测算结果显示，过量施肥的农户有526户，占所有样本的87.81%。农户实际施肥量、最优施肥量和过量施肥量的具体情况如表3-4所示。可以看到，化肥最优施用量的均值为每亩15.72千克，然而实际施肥量高达30.50千克，超过最优施肥量14.78千克。

表3-4 农户实际施肥量、最优施肥量和过量施肥量

项目	观测值	均值（千克/亩）	标准差
实际施肥量	599	30.50	20.22
最优施肥量	599	15.72	34.63
过量施肥量	599	14.78	38.37

对所有过量施肥的农户按照过量的数值进行分组，然后计算各组对应的频数和所占比例，具体结果如表3-5所示。其中，过量5千克（含）以内的有73户，占所有样本农户的比例为12.19%，是所有分组中占比最小的一组；过量20千克以上的有198户，占所有样本农户的比例为33.06%，是所有分组中占比最大的一组。该分组结果表明农户不仅倾向于过量施肥，而且过量施肥的程度普遍较高。

表3-5 农户过量施肥的频数和比例

分组	频数（户）	比例（%）	分组	频数（户）	比例（%）
不过量	73	12.19	过量（10kg，15kg]	85	14.19
过量（0kg，5kg]	73	12.19	过量（15kg，20kg]	78	13.02
过量（5kg，10kg]	92	15.36	过量（20kg，+∞）	198	33.06

3.2.3.3 农户过量施用农药的测算结果

同样地，首先剔除遗漏、不合理数据，共得到农药施用量的有效数据 597 份，其中过量施用农药的农户有 361 户，占所有样本的 60.47%。农户实际施药量、最优施药量和过量施药量的具体情况如表 3-6 所示。从表中可以看到，农药的最优施用量为平均每亩 0.56 千克，然而实际施药量高达 0.87 千克，超过最优施药量 0.31 千克。

表 3-6 农户实际施药量、最优施药量和过量施药量

项目	观测值	均值（千克/亩）	标准差
实际施药量	597	0.87	0.75
最优施药量	597	0.56	0.11
过量施药量	59	0.31	0.71

进一步对所有过量施药的农户按照过量情况进行分组，然后计算各组对应的频数和所占比例，具体结果如表 3-7 所示。其中，过量 0.4 千克（含）以内的有 180 户，占所有样本农户的比例为 30.15%，是所有过量施药分组中频数最大的一组；过量 1.6 千克以上的有 31 户，占所有样本农户的比例为 5.19%，是所有过量施药分组中频数最小的一组。该分组结果表明，虽然农户大部分过量施用农药，但是农户过量施药的程度普遍较低。

表 3-7 农户过量施药的频数和比例

分组	频数（户）	比例（%）	分组	频数（户）	比例（%）
不过量	236	39.53	过量（0.8kg，1.2kg]	42	7.04
过量（0kg，0.4kg]	180	30.15	过量（1.2kg，1.6kg]	32	5.36
过量（0.4kg，0.8kg]	76	12.73	过量（1.6kg，+∞）	31	5.19

3.2.3.4 农户农业废弃物循环利用和回收情况

农业生产尤其是农地利用过程中的农业废弃物一般包括秸秆、农药瓶和农膜，鉴于研究区域农膜使用较少，调研小组统计了农户进行秸秆还田和农药瓶回收的情况。共获得641份有效问卷，统计数据显示：进行秸秆还田的农户有429户，占所有样本农户的比例为66.93%；进行农药瓶回收的农户有369户，占所有样本农户的比例为57.57%。上述结果表明，研究区域农户已在一定程度上具备了秸秆还田和农药瓶回收的意识并付诸行动。

3.2.4 城乡居民农业面源污染治理认知

农业面源污染治理认知层面的变量主要包括：城乡居民生态环境评价、农业面源污染治理效益评价、农业面源污染治理参与意愿与受偿/支付意愿。鉴于城乡居民生态环境评价与农业面源污染治理效益评价均属于环保意识不同维度的表达，可将其一并讨论。

3.2.4.1 城乡居民生态环境评价及农业面源污染治理效益评价

城乡居民生态环境评价和农业面源污染治理效益评价不仅能反映公众的环保意识，还有助于将公众引入问卷的调查情境。具体而言，城乡居民生态环境评价维度设计了四个问题："请给本地生态环境质量打分""您是否听说过'农业面源污染''湖泊富营养化'等概念""您是否听说过生态补偿政策""本地已受到化肥、农药和农业废弃物的污染"；农业面源污染治理效益评价维度设计了两个问题："减少化肥、农药的使用和农业废弃物有利于保护生态环境”“减少化肥、农药的使用和农业废弃物有利于降低居民疾病发生率”。城乡居民生态环境评价变量及农业面源污染治理效益评价变量的描述性统计特征如表3-8所示。

表3-8 城乡居民生态环境评价及农业面源污染治理效益评价的描述性统计

项目	赋值	城镇（N=595）		农村（N=641）	
		均值	标准差	均值	标准差
Q_1 请给本地生态环境质量打分	0~10分：0分表示非常差，10分表示非常好	6.701	1.914	6.059	2.064
Q_2 您是否听说过“农业面源污染”“湖泊富营养化”等概念	1=非常了解；2=大体了解；3=了解一点；4=完全不了解	2.457	0.878	3.359	0.869
Q_3 您是否听说过生态补偿政策	1=非常了解；2=大体了解；3=了解一点；4=完全不了解	2.650	0.919	3.566	0.780
Q_4 本地已受到化肥、农药和农业废弃物的污染	1=完全不赞同；2=不太赞同；3=一般；4=比较赞同；5=完全赞同	3.541	0.763	3.225	1.290
Q_5 减少化肥、农药的使用和农业废弃物有利于保护生态环境	1=完全不赞同；2=不太赞同；3=一般；4=比较赞同；5=完全赞同	4.153	0.887	4.014	1.092
Q_6 减少化肥、农药的使用和农业废弃物有利于降低居民疾病发生率	1=完全不赞同；2=不太赞同；3=一般；4=比较赞同；5=完全赞同	3.597	1.328	4.270	0.932

从表3-8可看出，城乡居民对当地生态环境的打分均值在6分到7分之间（Q_1），其中，农民打分的均值（6.059）略低于城镇居民打分的均值（6.701）。对于“您是否听说过

‘农业面源污染’‘湖泊富营养化’等概念”问题（Q_2），城镇居民的答案均值介于“大体了解”和“了解一点”之间，农民的答案均值介于“了解一点”和“完全不了解”之间，说明城镇居民对农业面源污染以及湖泊富营养化等情况的了解程度高于农民。城乡居民对“您是否听说过生态补偿政策”（Q_3）的回答与“您是否听说过‘农业面源污染’‘湖泊富营养化’等概念”的回答基本一致。另外，城乡居民普遍认为本地已在一定程度上发生了化肥、农药和农业废弃物的污染（Q_4）。

在农业面源污染治理效益评价方面，城乡居民对农业面源污染治理的生态效益（Q_5）和健康效益（Q_6）认可度都比较高。城乡居民普遍赞同减少化肥、农药的使用和农业废弃物有利于保护生态环境和居民健康的观点，同时农民比城镇居民更赞同减少化肥、农药的使用和农业废弃物能够降低居民疾病发生率的观点，原因可能在于农民在种植水稻的过程中与化肥、农药和农业废弃物接触距离更近，频率更高，因而更容易感受到它们对生态环境和健康的负面影响。

3.2.4.2 农业面源污染治理参与意愿与受偿/支付意愿

由于农业面源污染治理参与意愿与支付意愿均表达公众对农业面源污染治理的态度，故下文将它们放在一起讨论。城乡居民对农业面源污染治理的参与意愿主要通过“您家愿意为防治化肥、农药和农业废弃物污染出钱出力”问题进行估计。农民对农业面源污染治理的受偿意愿（Willingness to Accept, WTA）的问题情境是“在农业生产的过程中，若政府通过给予经济补偿的方式鼓励您家采取保护耕地的生产方式，在给予一定经济补偿的前提下，在您家土地上执行安全清洁生产模式（完全不用化肥，使用生物农药和除虫灯，秸秆还田、农药瓶和农膜回收），以水稻生产为例，综合考虑给您家带来的经济损失和环境改善的好处，您觉得每年每亩地应获得多少补偿?”城镇居民对农业面源污染治理的支付意愿（Willingness to Pay，WTP）的问题情境是“假设现在治理本区域农业面源污染，以水稻为例，鼓励农民采用新型农业生产技术，例如测土配方施肥、秸秆还田、推广生物农药和安装除虫灯等绿色生产技术。这些绿色生产技术可以提高生态环境安全程度，提高全社会福利水平。这些绿色生产技术无疑会提高农产品生产成本。综合考虑农业面源污染治理给您带来的好处和农民采用绿色生产技术的成本，现假设在全县推广安全生产模式，您家每年愿意支付多少钱支持农业面源污染治理?”表3-9给出了城乡居民对农业面源污染治理的参与意愿与支付/受偿意愿的描述性统计特征结果。

表3-9　城乡居民对农业面源污染治理的参与意愿与支付/受偿意愿的描述性统计

项目	选项	城镇（$N=595$）		农村（$N=641$）	
		频数（户）	比例（%）	频数（户）	比例（%）
您家愿意为防治化肥、农药和农业废弃物污染出钱出力	完全不赞同	14	2.35	15	2.34
	不太赞同	18	3.03	43	6.71
	一般	60	10.08	96	14.98
	比较赞同	128	21.51	222	34.63
	完全赞同	375	63.03	265	41.34
城镇居民支付意愿/农户受偿意愿（元）	0	51	8.57	31	4.84
	(0，350]	293	49.24	180	28.08
	(350，700]	148	24.87	360	56.16
	(700，1000]	63	10.59	58	9.05
	(1000，+∞)	40	6.72	12	1.87

由表3-9可知，城乡居民普遍愿意为防治化肥、农药和农业废弃物污染出钱出力，城镇居民选择“比较赞同”和“完全赞同”的比例是84.54%，农民选择“比较赞同”和“完全赞同”的比例是75.98%，该结果进一步表明了城乡居民对农业面源污染治理的积极性较高。城镇居民支付意愿和农户受偿意愿的答案选项采取了单边界支付卡的方式，具体的投标值分别为“0元、20元、50元、100元、150元、200元、250元、300元、350元、400元、450元、500元、550元、600元”。支付卡的选择上限为600元，这是根据预调研中有机水稻生产数据设计的，研究区域内有机水稻生产基地的实地调查显示，在完全不施化肥、农药的绿色生产模式下，水稻减产一半左右。按照这一技术指标进行折算，普通水稻的亩均收入约为1055元，不施化肥、农药亩均收入约为481元，亩均经济损失大概是574元，因此受偿意愿上限取近似值600元/（户·年）。对城镇居民而言，其支付意愿均值是532.15元/（户·年），占比最高的一组是（0，350]，占比达49.24%；对农民而言，其受偿意愿均值是477.78元/（亩·年），占比最高的一组是（350，700]，占比达56.16%。

3.3 本章小结

本章首先梳理了我国农业面源污染现状、农业面源污染治理政策的发展实践、生态补偿政策及其实施困境，其次对研究区域概况及样本数据描述性统计特征进行了描述分析，具体包括以下内容。

（1）介绍研究区域的地理位置、社会经济发展状况和生态环境特点，阐明研究区域农业面源污染的严重性及进行农业面源污染治理的急迫性和重要性。

（2）介绍调研过程和分析样本数据的描述性统计特征。调研小组一共收回 1236 份有效问卷。其中，城镇居民问卷 595 份，农村居民问卷 641 份；从地域分布看，HZ 市 610 份，AK 市 626 份。样本数据的描述性统计特征主要是指城乡人口的资源禀赋特征。

（3）分析研究区域农业面源污染情况及城乡居民对污染治理的认知。这些描述性统计特征提供了丰富而有趣的结论：第一，农民在水稻种植过程中普遍存在过量施用化肥和农药现象，其中，过量施肥的比例高于过量施药的比例，原因可能在于过量施用农药的污染是显性的，过量施用农药直接危害人体健康且容易被检测到；第二，城乡居民普遍认为本地已发生农业面源污染，同时，他们对农业面源污染治理的生态效益和健康效益认可度较高；第三，城乡居民为农业面源污染治理出钱出力的意愿都比较强烈，城镇居民对农业面源污染治理的支付意愿的均值是 532.15 元/（户·年），农民对农业面源污染治理的受偿意愿的均值是 477.78 元/（亩·年），并且农民的受偿意愿均值小于其参与农业面源污染治理的经济损失（根据前文估算，不施化肥、农药的亩均经济损失是 574 元），进一步证实了农民对农业面源污染治理生态效益的认可及参与治理的积极性。

第四章　农业面源污染治理生态补偿福利分析

“福利”一词在不同的领域有不同的含义。在经济学领域，福利经济学创始人 Pigou（1920）将福利定义为可以用货币衡量的经济福利和用货币难以计量的非经济福利的集合；在哲学领域，英国哲学家边沁将福利定义为人们的主观幸福感。随着福利经济的不断发展，福利的内涵不断丰富，现在关于福利概念的一个共识是其是指个人或集体在某种偏好作用下消费一定的商品或服务所得到的效用，或者说是人们获得的满足程度（王圣云、沈玉芳，2011）。根据上述定义，针对农业面源污染治理问题，本书将个体从生态系统服务中获得的福利与效用视为等同概念，就此可以得到一个基本假设：每个人都是其个体福利的理性判断者，其行为选择的目标是个人效用最大化。

众所周知，生态系统服务与人类的福利水平休戚相关（Johnston et al.，2002；Jin et al.，2003；Hoyos，2010；姚柳杨等，2017）。近年来，农业面源污染日趋严重，农业生态系统平衡岌岌可危。一旦农业生态系统遭到破坏，土壤沙化、水土流失、酸雨和泥石流等生态恶化问题便会接踵而至，这将导致农业生态系统服务质量下降，进而降低人类福利水平。

在这种情况下，对农业面源污染进行治理能够提高农业生态系统安全性，进而提高人类福利水平，但如果治理中利益相关者福利分配不均衡，尤其是农户的经济损失得不到有效弥补，将会导致治理难以取得预期效果，最终无法实现全社会福利的最大化。作为一项环境保护利益相关者之间进行福利再分配的经济手段，生态补偿被认为是保障环境保护效果、激励保护行为的主要经济手段。

本章的目的在于梳理农业面源污染治理中利益相关者的福利变动情况，并在此基础上分析生态补偿如何均衡利益相关者的福利分配进而实现全社会福利的最大化，研究结论可为农业面源污染治理生态补偿政策的制定提供科学依据和理论支撑。

4.1　农业面源污染治理中的福利改善

体现公平和效率原则的现代福利理论认为，社会福利可以由多元函数来表示，基于柏格森-萨缪尔森社会福利理论和边沁的功利主义理论，可将社会福利表述为个体福利的加总：

$$W = w_1 + w_2 + w_3 + \cdots + w_i + \cdots + w_n \tag{4-1}$$

$$W = u_1 + u_2 + u_3 + \cdots + u_i + \cdots + u_n \tag{4-2}$$

$$w_1 + w_2 + w_3 + \cdots + w_i + \cdots + w_n = u_1 + u_2 + u_3 + \cdots + u_i + \cdots + u_n \tag{4-3}$$

上述各式中 W 表示社会总福利，w_i 与 u_i 分别表示不同社会个体的福利水平和效用水平，基于上述公式推导可知，福利与效用在一定程度上等同，福利变动方向和大小是可以计算的，社会总福利是个体福利的加总。

4.1.1　生态系统服务与人类福利

根据生态系统服务对人类社会经济生活的影响，联合国环境规划署 2005 年发布的千年生态系统评估项目将生态系统服务功能划分为供给服务（供给优质农产品）、调节服务（调节气候、保障水体安全）、支持服务（支持生态系统平衡和生物多样性）以及文化服务（休闲娱乐场所、美感享受）。

目前，关于人类福利的研究多聚焦于人类的自然资源消费能力、主观幸福感等与社会经济发展指标之间的关系（Clark et al.，2008；诸大建、张帅，2014）。具体来说，前人研究多用生活质量指数、联合国人类发展指数、人类福利指数、国民幸福指数等指标描述人类福利变化，但这些指标往往不能直观明确地表达生态系统对人类福利的影响。随着人类对自然资源的过度开发利用，生态系统遭受了严重破坏，自然资源日渐枯竭，学者们开始关注植被覆盖（Kopmann and Rehdanz，2013）、自然灾害（Schneider and Kucharik，2012）、空气质量（Levinson，2012）、气候变化（Moro et al.，2008）、水体污染（Li et al.，2019）、生物多样性（Rojas et al.，2013）等对人类福利的影响。近年来，人类福利的获得与生态系统服务质量和数量紧密相关（刘纪远，2005；郑伟、石洪华，2009；宋文飞等，2015）的观点逐渐得到学界和社会的广泛认同。

人类在开发和利用自然的过程中，消费了生态系统所提供的水、食物、生活生产原材料等，得到的满足感、幸福感、归属感就是人类从生态系统中获得的福利，因此，可以说生态系统服务是人类福利的载体。为探究农业面源污染治理对人类福利的影响，本书所讨论的人类福利具体指经济福利与生态福利的集合。

4.1.2 农业面源污染治理的生态系统服务

农业生产过程中蕴含着多重生态系统服务，如提供农产品、调节气候、保持水土和提供休闲娱乐场所等。参照联合国环境规划署2005年千年生态系统评估项目的研究结果，每项生态系统服务都与人类福利（良好的生态环境、安全自由的社会环境、健康、休闲娱乐、良性社会关系等）息息相关。简言之，农业生产活动影响着区域的生态系统平衡，农业生态系统的产品与服务对人类福利水平具有显著影响。

现有的一些研究成果显示，农业面源污染在生物多样性、气候变化、土壤质量、水质等方面对生态系统安全存在显著影响（Swinton et al.，2007；宋小青、欧阳竹，2012），农业面源污染治理有助于增强农业生态系统的安全性和稳定性（宋秀杰，2011；李海鹏、张俊飚，2009；信桂新等，2015）。基于上述分析和MA（2005）对生态系统服务功能的研究，可进一步推断农业面源污染治理能够增强和保障农业生态系统的支持服务、供给服务、调节服务、文化服务等功能（见图4-1）。

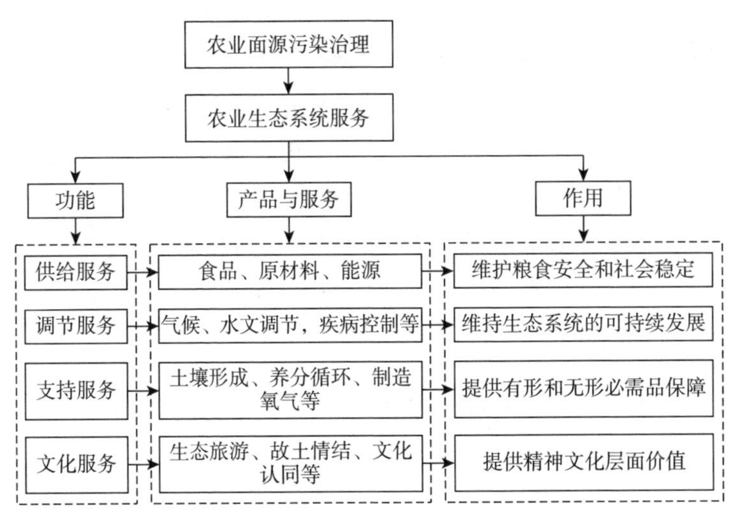

图4-1　农业面源污染治理与农业生态系统服务

结合图4-1，农业面源污染治理对农业生态系统的积极作用表现在以下几个方面。

第一，增强耕地供给服务。减少化肥、农药的使用能够提高粮食和其他农副产品的品质和安全性，保障粮食安全和食品安全；同时，大量优质农产品的供给能够进一步促进以其为原材料的加工业的发展。

第二，稳定调节服务。安全稳定的农业生态系统能够有效减少进入自然环境的氮、磷和其他有毒物质，这将有助于抑制水体富营养化、减少酸雨等空气污染的发生，降低人类和田间动植物中毒的概率。

第三，保障耕地支持服务。减少化肥、农药的使用能够改善农业生态系统中蚯蚓等益虫的生存环境，提高土壤微生物的存活率，增加土壤中有机质的含量，有利于维持耕地与生态圈的养分循环和平衡。

第四，维持文化服务。高质量的农业生态系统不仅能够保障农民的产出，还能够为社会公众提供休闲娱乐场所；长期来看，还对维护区域农耕文化具有重要意义。

此外，有研究表明社会公众身心健康也与农业面源污染治理的供给服务（如食品安全、物料支持等）、调节服务（如气候稳定性、水体安全等）和文化服务（如休闲消遣、放松身心）等息息相关（Gregoire et al.，2009；Ives and Kendal，2013；韩洪云等，2014）。

4.1.3 农业面源污染治理与人类福利的关系

于农户而言，参与农业面源污染治理的正效应是更高质量的土地、更清洁的空气和水体、更安全的农副产品（Kopp and Krupnick，1987），负效应是少施化肥、农药导致的减产损失和因农业废弃物循环利用所额外支付的费用和劳动（Carpenter et al. , 1998; Junakova et al. , 2018)。于其他社会公众而言，农业面源污染治理能够带来更好的生态产品，例如优质农副产品、清洁的空气和水体、优美的自然景观等。

通过前文分析可知，农业面源污染治理能够增强农业生态系统服务功能，这将进一步提高人类福利水平。然而，从长远来看，农业面源污染治理与人类福利之间并不是简单的单向影响关系，两者之间存在互馈效应和响应的时滞效应（见图 4-2)。

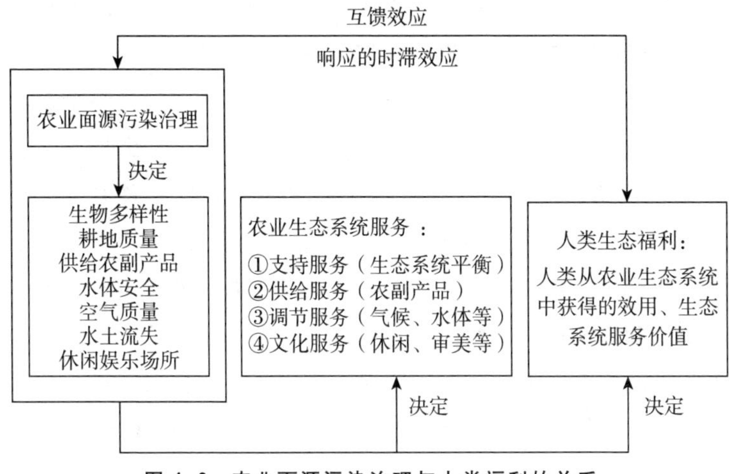

图 4-2　农业面源污染治理与人类福利的关系

首先，农业面源污染治理与人类福利之间存在互馈效应。一方面，农业面源污染治理有利于提高人类福利水平。农业面源污染治理的效率在很大程度上决定着农业生态系统服务的数量和质量。在农业面源污染治理的过程中，人类福利水平将随着农业生态系统服务的增加而不断提高。另一方面，人类对生态福利的追求将推动农业面源污染治理的实现。随着国民收入水平的提高，人类消费需求由数量导向逐渐转变为质量导向（李晓平等，2016)。在人类消费转型的过程中，市场上对绿色无污染农副产品的需求将逐渐增加，为适应这种市场变化，提高农业收益，农民将倾向于选择环境友好型生产行为，农业面源污染将会随之减轻，最终实现人类福利的最大化与农业生态系统的良性循环。

其次，农业面源污染治理与人类福利之间存在响应的时滞效应。从时间序列的角度分析，农业面源污染治理与人类福利之间存在响应滞差，具体如图 4-3 所示。人类福利来源于对农业生态系统服务的消费。人类福利水平大幅提高的过程往往伴随经济社会的迅速发展，在这个过程中必然需要消耗大量的农业生态系统服务。但是在农业生态系统功能下降到某个极点之前，农业面源污染并不会大规模爆发，具体如图 4-3 中的 T_1 时间段所示。然后，各种污染和灾害出现后，人类逐渐意识到其生态福利水平因农业生态系统服务质量下降而明显下降，将会采取相应的农业面源污染治理措施来提高生态系统的稳定性和安全性。由于二者之间存在响应的时滞效应，短期内人类反哺生态系统效果并不明显，表现为人类福利增长滞后于农业面源污染治理，具体如图 4-3 中的 T_2 时间段所示。

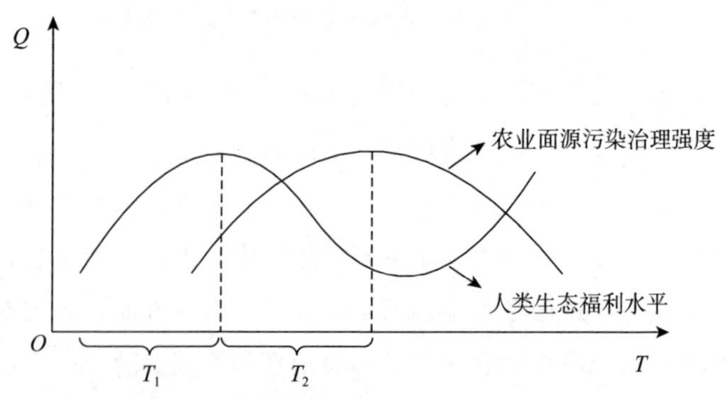

图 4-3　农业面源污染治理与人类福利的非同步性

4.2　农业面源污染治理生态补偿中的福利变化

4.2.1　农业面源污染治理、生态补偿与人类福利的逻辑关系

基于以上讨论，本节从利益相关者的生态福利视角出发，以农业生态系统服务为基础，讨论如何基于人类福利视角完善农业面源污染治理生态补偿政策。

如图 4-4 所示，农业面源污染治理的根本目的在于提高人类福利水平，这也是政府出台农业面源污染治理措施的根源

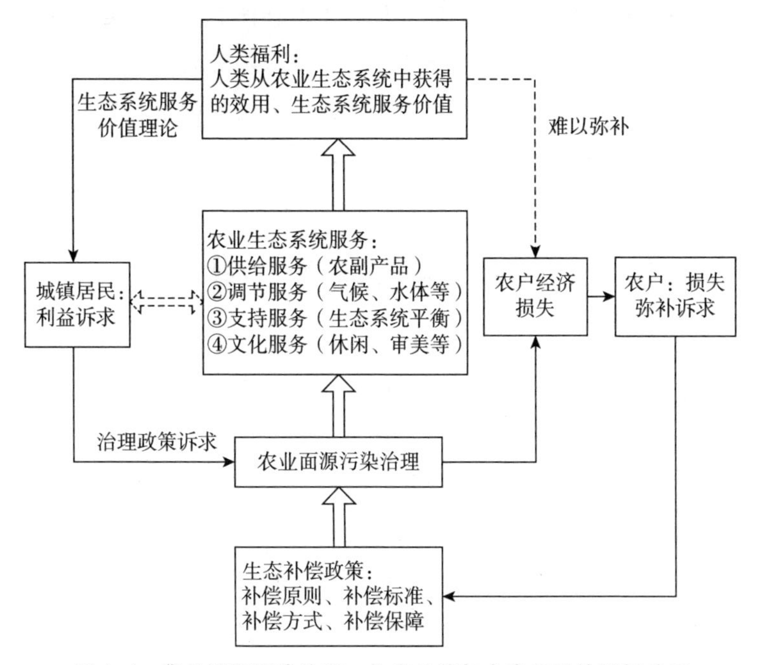

图 4-4　农业面源污染治理、生态补偿与人类福利的逻辑关系

所在。然而对农户而言，农业面源污染治理的源头控制技术将造成一定的经济损失，治理所带来的福利增加往往难以弥补这部分经济损失，因此，农户将不会主动响应农业面源污染治理措施，这将影响污染治理效果。

解决上述治理困境的突破点在于弥补农户的经济损失，而生态补偿政策正是弥补环境保护者经济损失、激励环境保护行为的经济手段。为达成农业面源污染治理的目标，应对农户进行经济补偿，通过出台配套的生态补偿政策来保障补偿效率。

综上所述，在设计和完善农业面源污染治理生态补偿政策时，首先应结合生态系统服务价值理论，对农业面源污染发生和治理过程中的人类福利和农户经济损失进行评估，这是测算生态补偿标准的根本。同时，根据生态补偿的一般框架，围绕补偿原则、补偿标准、补偿方式和补偿保障等关键问题，设计能够满足人类福利需求和弥补农户经济损失的农业面源污染治理生态补偿政策，最终实现农业生态系统的良性循环和社会福利的最大化。

4.2.2 生态补偿对人类总福利的改善

本节从人类总福利的角度出发，分析农业面源污染治理外部性的产生机理，以及生态补偿如何将环境保护的外部性内部化并最终实现全社会福利最大化。考虑到我国二元体制背景下农业为工业发展和城市建设所作出的贡献和牺牲以及农民收入相对较低的现实，加之前文已讨论过农业面源污染治理中给予农户补贴的正当性，在本节分析中，我们假设农业面源污染治理是可在市场上交易的具有正外部性的商品，农户为其供给者，城镇居民为其消费者。

图 4-5 描绘了在农业面源污染治理的过程中，如何通过

生态补偿实现外部收益的内部化。假设生态系统服务可以在市场上交易，图 4-5 的横轴代表农业面源污染治理提供的生态系统服务的数量，纵轴代表生态系统服务的价格。农户参与农业面源污染治理的边际私人收益为 *MPB*（Marginal Private Benefit），边际社会收益为 *MSB*（Marginal Social Benefit），两者之间的差异即为农业面源污染治理的边际外部收益 *MEB*（Marginal External Benefit）。农户参与农业面源污染治理的边际私人成本为 *MPC*（Marginal Private Cost），假设其与边际社会成本 *MSC*（Marginal Social Cost）相同。

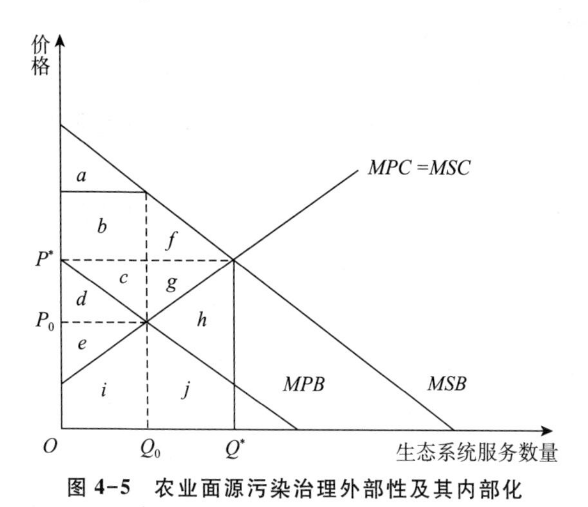

图 4-5　农业面源污染治理外部性及其内部化

当农户进行农业面源污染治理时，农业生态系统服务的改善会产生正外部性，因而边际社会收益 *MSB* 显著大于农户的边际私人收益 *MPB*。在完全竞争市场下，农户的农业面源污染治理行为取决于其自身的成本效益情况，当 *MPB* = *MPC* 时，农户供给的农业面源污染治理数量为 Q_0，对应的边际成本和边际价格为 P_0。此时，农民所供给的农业面源污染治理数量 Q_0 既满足农户生产发展需要，又能够提供额外的社会效益。

此时，社会总福利水平是 $a+b+c+d+e$，其中农户的生产者剩余为 e，城镇居民的消费者剩余为 d，外部收益为 $a+b+c$，这部分收益实际上为社会公众所免费享有。

随着国家生态文明建设的推进，由于研究区域所处的特殊地理位置，其生态地位和生态保护重要性逐渐引起社会重视。尤其是考虑到研究区域被划分为国家生态多样性保护重点生态功能区，以及其作为南水北调中线工程水源涵养区的事实，公众对研究区域生态环境服务功能的要求有所增加，假设现在要求农户进行农业面源污染治理，将农业生态系统服务的供给量由 Q_0 提高到 Q^*。此时，如果城镇居民不主动将农业生态系统服务的价格增加到 P^*，农户出于成本效益的考虑，将不会主动进行农业面源污染治理，因而也就无法实现农业生态系统服务的供给量 Q^*。

针对上述情形，若进行生态补偿，便可解决供给不足的困境，提高农业生态系统服务供给量。从图 4-5 可以看出，给予农户 $c+d+g+h$ 的经济补偿就可以实现农业生态系统服务供给量由 Q_0 到 Q^* 的变化，这部分补偿可以通过政府的财政转移支付实现。在新的均衡点上，农业生态系统服务的供给量为 Q^*，对应的边际成本和边际价格是 P^*，此时，社会总福利水平为 $a+b+c+d+e+f+g$，农户的生产者剩余为 $c+d+e+g$，城镇居民的消费者剩余为 $a+b+f$。由上述分析可知，在 Q_0 到 Q^* 的过程中，不仅社会总福利水平有所提高，农户和城镇居民的福利水平均有所提高，这正是卡尔多-希克斯改进的意义所在。

4.3 本章小结

本章从人类福利的视角出发，探讨了农业面源污染治理及其生态补偿过程中的福利变动，借以进一步解释进行农业面源污染治理及其生态补偿的重要性。首先，通过探讨农业面源污染治理、生态补偿与人类福利三者之间的逻辑关系，解释农业面源污染治理中人类福利的变动情况。生态系统服务是实现人类福利的载体，农业面源污染治理能够提高农业生态系统服务的数量和质量，进而提高人类总福利，这也是进行农业面源污染治理的根本所在。其次，通过系统分析农业面源污染治理中利益相关者的福利不均衡现状，解释了进行生态补偿的必要性；然后通过剖析生态补偿在内化农业面源污染治理外部性中的作用机理，进一步解释生态补偿如何提高农户、城镇居民乃至全社会的福利水平。研究显示，生态补偿能够激励环境保护行为，具有协调生态与社会经济发展的积极作用。

厘清农业面源污染治理及其生态补偿与人类福利之间的关系，不仅能够为农业面源污染治理生态补偿政策的出台提供坚实的理论基础，还可以为补偿政策的制定提供科学依据。

第五章　农业面源污染治理生态补偿的博弈分析

本章主要回答了生态补偿政策如何解决农业面源污染治理利益相关者之间福利不均衡的问题，借此进一步说明设计农业面源污染治理生态补偿政策的必要性和重要性。前文分析已经阐明出台生态补偿政策是从源头根治农业面源污染的有效手段，其核心内容是通过福利再分配的经济手段实现利益相关者之间的福利均衡。生态补偿政策涉及多个利益相关者间的成本效益的平衡，因此，要设计合理的农业面源污染治理生态补偿政策，一个重要前提就是厘清利益相关者之间的成本效益关系和各自的福利诉求。基于以上背景，本章主要从福利视角着手，识别农业面源污染治理中的利益相关者及其福利关系，并就其福利诉求和福利分配进行博弈分析。

本章主要内容包括以下三个方面：

第一，识别农业面源污染治理的利益相关者，并分析其行为特征与福利效应；

第二，构建农民、城镇居民与政府之间的博弈模型；

第三，根据模型博弈结果，提出生态补偿的优化思路。

5.1　研究背景

长期以来，由于缺乏合理的生态补偿政策，我国的生态环境保护形成了“少数人负担、多数人受益；贫困地区负担、富裕地区受益；上游地区负担、下游地区受益”的不合理局面（接玉梅等，2012）。具体到农业面源污染治理问题，农民在农业生产的过程中采取减施化肥、农药等化工产品的源头控制技术是农业面源污染治理最有效的手段之一（金书秦，2017），然而这些措施势必会造成农民的经济损失和城镇居民的生态福利增加，这就导致了福利分配的不均衡。如果单纯由农民进行农业面源污染治理，而城镇居民不为其所消费的生态系统服务付费，则会出现“农民损失，城镇居民受益”的“搭便车”现象，最终演变为农民丧失主动进行农业面源污染治理的动力，导致整个区域的农业生态系统安全得不到保障（梁丽娟等，2006）。

生态补偿是解决农业面源污染治理利益相关者之间成本效益不均衡问题的重要经济手段，而如何设计合理的生态补偿政策是农业面源污染治理所面临的重大议题。根据生态补偿的实践经验可知，农业面源污染治理生态补偿政策的设计需要充分考虑利益相关者间的成本效益关系。

利益相关者之间的协商与博弈是生态补偿政策设计的难点和重点。博弈论（Game Theory）是一种研究参与人之间利益冲突与策略选择的数学方法（Friedman，1998），其被广泛应用于分析生态补偿过程中利益相关者间的利益关系及行为决策。例如，杨云彦和石智雷（2008）、宋敏（2009）、马爱慧等（2012a）均构建了生态补偿利益相关者之间的静态博弈模型，并在此基础上提出了生态补偿机制的优化建议。刘雨林（2008）通过建立西藏主题功能区生态环境保护的区域间博弈分析模型，发现纳什均衡点为“高收入者提供公共物品，低收入者坐享其成”。车越等（2009）、曹颖（2011）、徐大伟等

（2012）分别用演化博弈模型对水源地生态补偿、湖域生态补偿、流域生态补偿的利益相关者进行了博弈分析，并提出政府干预是生态补偿机制顺利实施的重要保障。黄彬彬等（2011）在静态贝叶斯博弈模型的基础上建立了不完全信息下的两阶段动态博弈模型，据此分析不完全信息对区域间环境保护主客体策略选择的影响。占华（2016）基于博弈视角研究了政府的价格补贴对节能减排的影响，进一步发现最优补贴水平受污染税等因素的影响。

根据以上研究可知，构建博弈模型是厘清生态环境保护补偿机制中的利益冲突与实现最优策略选择的重要手段。因此，本章从利益相关者福利的视角出发，识别农业面源污染治理生态补偿机制中利益相关者及其利益关系，探索利益相关者间的行为决策逻辑和福利变动情况，并进一步进行博弈分析，讨论如何形成社会福利最大化的均衡策略，以期为农业面源污染治理生态补偿政策的设计与完善提供理论支撑。

5.2 农业面源污染治理利益相关者识别及其行为特征

研究区域位于秦巴山地水源涵养功能区（下文简称秦巴水源地）腹地，既是限制开发的国家重点生态功能区，又是南水北调中线工程的重要水源涵养区，同时也是汉江的发源地。由于农业面源污染的流动性和研究区域的区位特殊性，研究区域内农业面源污染治理的利益相关者较为复杂，不仅涉及本区域的农民及城镇居民，还包括汉江中下游地区乃至京津冀地区的民众。鉴于此，可将研究区域内农业面源污染治理的利益相关者归纳为以下四大类。

（1）农民。农民是农业生产的经营者，换言之，农民既是农业面源污染源头控制的主要执行者，也是治理成本的直接承受者。因此，农民理应成为农业面源污染治理生态补偿客体。尽管农民也能够从农业生态系统服务中获得一定的生态效益，但考虑到农业面源污染治理对全社会的正外部性较大，以及农民参与农业面源污染治理时承受主要经济损失的事实，这里将农民定义为农业面源污染治理这一公共产品的直接供给者。

（2）城镇居民。城镇居民是农业生态系统服务的消费者，因此，城镇居民理应成为农业面源污染治理生态补偿的主体。在市场经济中，城镇居民本应通过购买农产品或其他农业生态系统服务的方式为农业生态系统服务付费。但是，由于农业生态系统的调节服务、支持服务和文化服务功能未能在市场上得到有效体现，城镇居民缺乏相应的付费渠道和平台。农业面源污染治理生态补偿政策正是城镇居民向农业生态系统服务付费的有效渠道。实践中，生态补偿政策主要表现在政府作为公众利益的代表对生态环境保护者进行财政转移支付，具体到农业面源污染治理生态补偿，可能的实践路径是政府作为城镇居民的代表向农民进行经济补偿。

（3）地方政府。鉴于地方政府的利益定位不同，可以将其进一步划分为秦巴水源地政府与下游政府。在农业面源污染治理的博弈模型中，秦巴水源地政府具有双重身份：一种身份是微观层面研究区域内农民和城镇居民进行农业面源污染治理的监督者和管理者，另一种身份是中观层面上农业生态系统服务的供给者和补偿客体。从中观层面而言，下游政府是农业面源污染治理生态系统服务的消费者和补偿主体，其中下游政府既包括南水北调中线工程中下游地区的地方政府，也包括汉江流域中下游地区的地方政府。

（4）中央政府。作为最高级别的行政机构，中央政府是全国公众利益的代表，其行为目标是实现全社会福利最大化。同时，为维护国家整体利益和实现可持续发展，中央政府在追求全民利益最大化的同时，也要考虑生态系统服务供给的长期性和稳定性。另外，中央政府也是补偿机制的顶层设计者和管理者，往往依靠自上而下的财政政策和行政命令实现其控制农业面源污染的终极目的。因此，在农业面源污染治理生态补偿机制中，中央政府是名义上的补偿主体，对各级地方政府的决策行为具有监督和奖惩的权力。

根据利益相关者所处的社会阶层和彼此间的成本效益关系，绘制生态补偿利益相关者逻辑关系图，其中包括中观和微观两个层面的生态补偿机制，具体如图 5-1 所示。

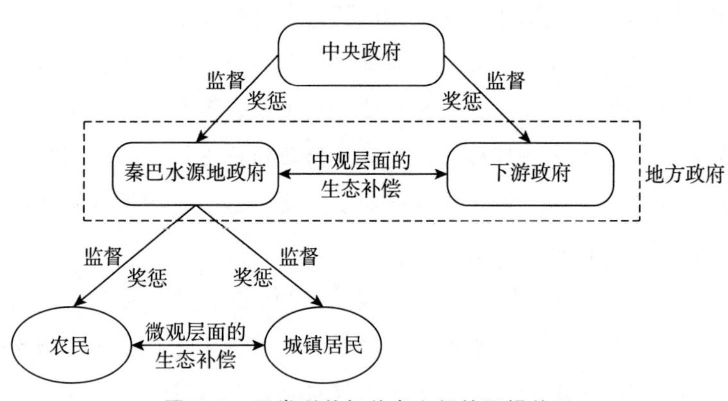

图 5-1　四类利益相关者之间的逻辑关系

5.3　方法选择：博弈模型

博弈论研究的是当目标主体的行为相互产生影响时如何进行决策，以及如何实现这种决策均衡的问题（张维迎，2004）。

具体而言，当理性个人进行个体决策时，需要事前判断其他行为人可能作出的决策以及对自己的影响，据以作出对自身最有利的决策（朱红波，2009）。从这个意义上讲，博弈论研究的是在外部经济条件下的个人选择问题。

博弈模型的基本研究框架中有三个前提假设：①决策主体是理性的，决策目标追求自身利益最大化；②完全理性是所有参与人的共识；③每个参与人被假定为对所处环境及其他参与者的行为具有正确认识与预期。在完整的博弈问题中，主要包含了参与人及策略集、支付函数（或收益函数）、博弈结果和均衡策略等要素（杰弗瑞、菲利普，2001）。参与人在博弈中的策略目标是个人效用最大化，本章正是利用博弈模型的这一特点分析农业面源污染治理利益直接相关者的行为策略，借以探讨如何实现全社会福利的最大化。

根据“谁受益谁补偿、谁保护补偿谁”的原则，结合农民、城镇居民、地方政府和中央政府等利益相关者间的成本效益关系和行为决策特点，本章主要建立农民与城镇居民间的二元博弈模型。

5.4　农业面源污染治理利益相关者间的博弈分析

5.4.1　农民与城镇居民间的二元博弈模型

作为农业生产活动的主要经营者，农民是农业生态系统保护和农业面源污染治理的主要执行者。同时，城镇居民作为农业生态系统服务的消费者，理应向农民支付一定的费用。

5.4.1.1 模型假设

鉴于农民与城镇居民分别是农业面源污染治理生态补偿机制中的补偿客体与补偿主体，现假设他们是农业面源污染治理生态补偿博弈模型的参与人，且只有一个农民与一个城镇居民，两者都是理性行为人。

5.4.1.2 参与人的策略集

农民是农业生产活动的经营者，出于利益最大化追求，往往更倾向于多施化肥、农药和随意丢弃农业废弃物。但同时农民也需要良好的生活环境，出于食品安全、土壤保护和防治水体污染等目的，农民也可能会限制农业化工产品的使用，并对农业废弃物进行回收处理。因此，在农业面源污染治理中，农民的行为选择策略可以分为两种：治理或不治理。

城镇居民是农业生态系统服务的消费者。随着环保意识的增强，城镇居民对良好生态环境的需求逐渐增加，部分城镇居民可能愿意为更洁净的水体、更清新的空气和更安全的农产品付费，但同时也会有部分城镇居民因个人意识和收入的限制而不愿进行相应的支付。因此，城镇居民的行为选择策略也可以分为两种：补偿或不补偿。

根据农民和城镇居民不同行为选择策略的成本收益，对相关变量进行赋值。对农民而言，选择不治理农业面源污染策略时的收益是 N（原始收益，为方便后文计算假设 $N=0$），选择治理策略时的经济损失为 C，农业面源污染治理模式下农民和城镇居民获得的生态系统服务价值增值均为 B。对城镇居民而言，选择不补偿策略时的收益为 S（原始收益，为方便后文计算假设 $S=0$），选择补偿策略时补偿金额为 P。补偿金额至少能弥补农民进行农业面源污染治理的经济损失，即 $P \geqslant C-B$，同时补偿金额不大于城镇居民的农业面源污染治理生态系统服务增值，即 $P \leqslant B$。根据上述分析，在不同选择策略下，农民和城镇居民的博弈矩阵如表 5-1 所示。

表 5-1　农民与城镇居民间的博弈矩阵

	策略	城镇居民	
		不补偿	补偿
农民	不治理	N, S	$N+P$, $S-P$
	治理	$N+B-C$, $S+B$	$N-C+B+P$, $S+B-P$

从表 5-1 中可以看到农民与城镇居民选择不同策略的收益函数。①在农民选择不治理农业面源污染、城镇居民选择不补偿的策略集中，农民和城镇居民的收益函数分别为：$U_1=N$ 和 $U_2=S$；②在农民选择不治理农业面源污染、城镇居民选择补偿的策略集中，农民和城镇居民的收益函数分别为：$U_1=N+P$ 和 $U_2=S-P$；③在农民选择治理农业面源污染、城镇居民选择不补偿的策略集中，农民和城镇居民的收益函数分别为：$U_1=N+B-C$ 和 $U_2=S+B$；④在农民选择治理农业面源污染、城镇居民选择补偿的策略集中，农民和城镇居民的收益函数分别为：$U_1=N-C+B+P$ 和 $U_2=S+B-P$。

5.4.1.3　农民和城镇居民间的博弈模型

假设农民和城镇居民对对方的策略集以及收益函数完全了解，则两者之间的生态补偿博弈为完全信息下的静态非合作博弈。根据农民与城镇居民博弈双方的收益函数，可以建立博弈双方的成本收益矩阵（见表 5-1）。

当农民选择“不治理”策略时，城镇居民选择“补偿”

策略的收益小于选择“不补偿”策略的收益（$S-P<S$）；当农民选择“治理”策略时，城镇居民选择“补偿”策略的收益小于选择“不补偿”策略的收益（$S+B-P<S+B$）。因此，不论农民进行何种策略选择，城镇居民选择“不补偿”策略的收益都要大于选择“补偿”策略的收益。综上所述，“不补偿”为城镇居民的占优策略。

现在假设一种情形：当 $B-C>0$ 时，即农民进行农业面源污染治理的所得收益大于为此付出的经济成本时，无论城镇居民选择何种策略，农民选择“治理”策略都会产生正效益，此时农民自然具有保护环境的动力。换言之，当 $B-C>0$ 时，农民与城镇居民间博弈模型的最优解为（$N+B-C$，$S+B$），即农民进行农业面源污染治理，而城镇居民不需要进行补偿，此时农民进行农业面源污染治理的成本小于其获得的生态系统服务增值，即使城镇居民不对其进行补偿，农民仍然愿意主动进行农业面源污染治理，如此农业生态系统将会不断改善，整个生态-社会-经济大系统处于一种良性循环状态。

但实践中上述情况比较少见，农业面源污染治理需要农民减少化工产品的投入并进行农业废弃物回收处理，这将在一定程度上造成农业产出下降以及劳动力投入的增加，一般来说，农民参与农业面源污染治理的经济成本大于其因生态系统改善获得的生态效益，即 $B-C<0$。此时，当城镇居民选择“补偿”策略时，农民选择“不治理”策略的收益要大于其选择“治理”策略的收益（$N+P>N-C+B+P$）；而当城镇居民选择“不补偿”策略时，农民选择“不治理”策略的收益仍然大于选择“治理”策略的收益（$N>N+B-C$）。综上所述，“不治理”为农民的占优策略。

根据上述不同策略集的分析可知，农民与城镇居民博弈的纳什均衡解为（N，S），即农民不治理农业面源污染，城镇居民不进行补偿。这种情况下农民和城镇居民都没有动力进行改变，农业面源污染治理生态补偿机制陷入“囚徒困境”，整个生态-社会-经济系统处于恶性循环中。最终会造成研究区域农业生态系统被过度利用，农业面源污染日趋严重，农民和城镇居民的个人福利乃至全社会的整体福利呈下降趋势。

5.4.2 政府干预下农民与城镇居民间的博弈模型

在农民进行农业面源污染治理、城镇居民进行补偿的策略集中，两者的福利均得以增加，并且实现了社会福利最大化，这是一种帕累托改进。然而在现实中，农民与城镇居民博弈的纳什均衡解为（N，S），即农民不治理农业面源污染，城镇居民不进行补偿。若农民与城镇居民提前签订协议，商定农民采取治理农业面源污染的策略，而城镇居民采取提供补偿金的策略，显然在不存在外力约束与监督的条件下，城乡居民没有自觉遵守协议规定的积极性，同时出于理性人追求利益最大化的本能，他们将倾向于违背协议规则。为了改变农民和城镇居民“不治理，不补偿”的初始纳什均衡，需要通过政府的行政干预实现“治理，补偿”的策略集，以达到个人与社会福利最大化的目的。

5.4.2.1 模型假设与参与人策略集

根据农民与城镇居民间的博弈结果可知，在无政府干预的前提下，农民与城镇居民都不会自觉为农业生态保护进行努力，自然也就无法形成生态补偿的合作基础。为实现农业面源污染治理的合作，就需要政府的奖惩干预。现假设政府将建立农业面源污染治理生态补偿基金，当一方合作时，奖励系数为

α_1，当一方不合作时，惩罚系数为 α_2，为方便计算，可将奖惩系数简化为 $\alpha_1=\alpha_2=\alpha$（$0<\alpha<1$）。当双方都采取合作策略时，政府可用该基金进行奖励；当双方不合作时，对不合作方予以惩罚的资金将被纳入生态补偿基金。假设城镇居民补偿的概率为 x，则不补偿概率为 $1-x$；农民进行面源污染治理的概率为 y，则不治理的概率为 $1-y$。根据上述假设，可得到政府干预下农民与城镇居民之间的博弈矩阵，具体如表 5-2 所示。

表 5-2 政府干预下农民与城镇居民间的博弈矩阵

	策略	城镇居民	
		不补偿（$1-x$）	补偿（x）
农民	不治理（$1-y$）	$N(1-\alpha)$，$S(1-\alpha)$	$(N+P)(1-\alpha)$，$(S-P)(1+\alpha)$
	治理（y）	$(N+B-C)(1+\alpha)$，$(S+B)(1-\alpha)$	$(N-C+B+P)(1+\alpha)$，$(S+B-P)(1+\alpha)$

由表 5-2 可知，农民选择“不治理”策略且城镇居民选择“不补偿”策略时的收益为 $[N(1-\alpha),\ S(1-\alpha)]$；农民选择“不治理”策略而城镇居民选择“补偿”策略时的收益为 $[(N+P)(1-\alpha),\ (S-P)(1+\alpha)]$；农民选择“治理”策略而城镇居民选择“不补偿”策略时的收益为 $[(N+B-C)(1+\alpha),\ (S+B)(1-\alpha)]$；农民选择“治理”策略且城镇居民选择“补偿”策略时的收益为 $[(N-C+B+P)(1+\alpha),\ (S+B-P)(1+\alpha)]$。

5.4.2.2 政府干预下农民与城镇居民间的博弈分析

鉴于前文假设城镇居民和农民参与农业面源污染治理及其生态补偿的概率分别为（x，y），确定混合策略纳什均衡点的过程就是求解最优概率（x，y）的过程。求解城镇居民最优补偿概率 x 的条件是：无论农民选择农业面源污染治理策略（$y=1$）还是选择不治理策略（$y=0$），城镇居民的期望收益值都相等；同理，求解农民最优治理概率 y 的条件是：无论城镇居民选择补偿策略（$x=1$）还是选择不补偿策略（$x=0$），农民期望收益值均相等（于富昌等，2013）。接下来进行农民和城镇居民参与农业面源污染治理及其生态补偿的概率分析。

（1）农民参与农业面源污染治理概率分析

城镇居民选择补偿策略（$x=1$）的收益期望 U_{S1} 为：

$$U_{S1}(1,y)=(S-P)(1+\alpha)(1-y)+(S+B-P)(1+\alpha)y \tag{5-1}$$

城镇居民选择不补偿策略（$x=0$）的收益期望 U_{S2} 为：

$$U_{S2}(0,y)=S(1-\alpha)(1-y)+(S+B)(1-\alpha)y \tag{5-2}$$

当 $U_{S1}=U_{S2}$ 时，可求得农民进行农业面源污染治理的均衡概率 y^*：

$$y^* = \frac{2S\alpha - P\alpha - P}{2\alpha(S-B)} \tag{5-3}$$

对上式分别求 α 和 P 的一阶导数：

$$\frac{\partial y^*}{\partial \alpha} = \frac{P}{2\alpha^2(S-B)} \tag{5-4}$$

$$\frac{\partial y^*}{\partial P} = -\frac{\alpha+1}{2\alpha(S-B)} \tag{5-5}$$

综合式（5-4）和式（5-5）的结果可得到农民进行农业面源污染治理的均衡概率 y^* 与政府奖惩系数 α 和补偿金额 P 的关系，提高补偿金额、降低政府奖惩系数可以增加农民进行农业面源污染治理的概率，具体如表 5-3 所示。

表 5-3　影响农民参与农业面源污染治理概率的因素分析

项目	影响程度	影响关系	解释说明
$\frac{\partial y^*}{\partial \alpha}$	$\frac{P}{2\alpha^2(S-B)}<0$	$\alpha\uparrow, y^*\downarrow$	随着政府奖惩系数的增大，农民进行农业面源污染治理的均衡概率变小，其进行治理的概率降低
$\frac{\partial y^*}{\partial P}$	$-\frac{\alpha+1}{2\alpha(S-B)}>0$	$P\uparrow, y^*\uparrow$	随着补偿金额的增加，农民进行农业面源污染治理的均衡概率变大，其进行治理的概率增加

（2）城镇居民参与农业面源污染治理生态补偿概率分析

农民选择农业面源污染治理策略（$y=1$）的收益期望 U_{N1} 为：

$$U_{N1}(x,1)=(N+B-C)(1+\alpha)(1-x)+(N-C+B+P)(1+\alpha)x \quad (5-6)$$

农民选择不治理农业面源污染策略（$y=0$）的收益期望 U_{N2} 为：

$$U_{N2}(x,0)=N(1-\alpha)(1-x)+(N+P)(1-\alpha)x \quad (5-7)$$

当 $U_{N1}=U_{N2}$ 时，可求得城镇居民进行补偿的均衡概率 x^*：

$$x^*=\frac{(B-C)(1+\alpha)+2N\alpha}{2P} \quad (5-8)$$

补偿实践中，对城镇居民而言，若农民的农业面源污染治理概率小于 y^*，则城镇居民的最优策略为不进行补偿；若农民的农业面源污染治理概率大于 y^*，则城镇居民的最优策略为提供补偿。同理，对农民而言，如果城镇居民补偿概率小于 x^*，则农民的最优策略是不进行农业面源污染治理；如果城镇居民补偿概率大于 x^*，则农民的最优策略是进行农业面源污染治理。

现假设补偿金 P 与政府奖惩系数 α 是变量，而农民参与农业面源污染治理的原始收益 S、农民参与农业面源污染治理成本 C、城镇居民不补偿的原始收益 N 以及博弈双方从农业面源污染治理中获得的生态系统服务价值增值 B 均为定值。下面求解政府奖惩系数 α、补偿金 P 与博弈双方参与农业面源污染治理及其生态补偿的概率（x，y）之间的关系。

对式（5-8）分别求 α 和 P 的一阶导数：

$$\frac{\partial x^*}{\partial \alpha} = \frac{B - C + 2N}{2P} \tag{5-9}$$

$$\frac{\partial x^*}{\partial P} = -\frac{(B - C)(1 + \alpha) + 2N\alpha}{2P^2} \tag{5-10}$$

根据式（5-9）和式（5-10）的结果可得到城镇居民进行补偿的概率与政府奖惩系数 α 和补偿金额 P 的关系，如表5-4所示。可以看到，提高政府奖惩系数、降低补偿金额可以增加城镇居民进行农业面源污染治理生态补偿的概率。

表 5-4　影响城镇居民进行生态补偿概率的因素分析

项目	影响程度	影响关系	解释说明
$\frac{\partial x^*}{\partial \alpha}$	$\frac{B - C + 2N}{2P} > 0$	$\alpha\uparrow$，$x^*\uparrow$	随着政府奖惩系数的增大，城镇居民进行补偿的均衡概率变大，其进行补偿的概率增加
$\frac{\partial x^*}{\partial P}$	$-\frac{(B - C)(1 + \alpha) + 2N\alpha}{2P^2} < 0$	$P\uparrow$，$x^*\downarrow$	随着补偿金额的增加，城镇居民进行补偿的均衡概率变小，其进行补偿的概率降低

综上所述，单纯农民与城镇居民的二元博弈无法保证农业

面源污染治理生态补偿机制的实施与效果，政府干预是实现农民治理、城镇居民补偿的必要条件和重要手段。在政府干预的背景下，政府的奖惩系数、补偿金额均对农民和城镇居民在农业面源污染治理上的努力具有重要影响。农民参与农业面源污染治理，补偿金具有显著的激励作用，而政府奖惩系数提高会降低农民进行治理的概率；而政府奖惩系数对城镇居民的补偿行为具有显著的激励作用，但高额补偿金则会挫伤城镇居民补偿的积极性，进而降低其进行补偿的概率。因此，政府作为农业面源污染治理生态补偿的协调者和监督者，有必要对农民和城镇居民的成本效益进行估算，据以制定合理的补偿金额和奖惩系数。

5.4.3 地方政府之间的博弈

农业面源污染的流动性会导致其污染物通过渗漏和地表径流的方式扩散到地下水和地表水中，并形成污染的跨区域扩散。由于流域与行政区域之间的信息不对称以及行政监管部门的相互分割性，农业面源污染治理的空间正外部性尚未得到有效补偿（胡振华等，2016）。换言之，上游政府与下游政府之间存在成本效益相互转嫁的不均衡问题（崔伟等，2005）。正是这种流域上下游政府间的生态补偿困境，致使整个流域生态系统服务偏离最优状态（曲富国、孙宇飞，2014）。

虽然从 20 世纪 90 年代末开始，生态补偿机制被逐渐引入流域保护实践中，但不合理、不公平的跨流域补偿现象时有发生，流域生态补偿政策的实践效果大打折扣。由于现实中流域的上下游不像国家行政区划那么清晰，并且现行政府间横向财政转移支付体制欠缺，下游政府为了保障自身经济利益，缺乏主动向上游政府进行生态补偿的动力。另外，由于相关政策和法律的缺失，生态补偿政策缺乏可参考的成功实践经验，导致上下游政府间难以就生态补偿金额和各自权利义务达成共识。

研究区域秦巴地区属于南水北调中线工程的重要水源涵养区，也是限制开发的国家重点生态功能区。为保护生态环境和水资源安全，秦巴水源地严格控制工业发展，限制农业化工产品的生产和使用，这些环保措施导致该区域经济发展缓慢。相对而言，秦巴水源地具有显著的生态效益外溢，如果这部分外溢的生态系统服务价值得不到相应的补偿，将会严重挫伤秦巴水源地政府进行生态环境保护的积极性。在农业面源污染治理生态补偿机制中，秦巴水源地政府和下游政府是中观层面的利益相关者。类比微观层面的利益相关者和利益关系，秦巴水源地政府是农民群体利益的代表，下游政府则是城镇居民的代言人；同时，中央政府作为全社会利益的代表，其角色定位与前文中的地方政府类似。

秦巴水源地政府和下游政府的博弈模型与农民和城镇居民的博弈模型的一个显著区别在于，秦巴水源地政府和下游政府分别是农民群体和城镇居民群体的集合，双方的博弈不是一次性选择的结果，而是通过反复试错、不断调整和改进来达到局部稳定（Smith，1974；接玉梅等，2012）。这种长期的、动态的博弈通常用演化博弈模型进行分析。许多学者利用演化博弈模型对区域间生态补偿的奖惩与监管问题进行了研究。徐大伟等（2012）、接玉梅等（2012）、李昌峰等（2014）、高文军等（2015）和谭婉冰（2018）分别就不同流域上下游政府间的生态补偿进行了演化博弈分析，均得到了单纯的上下游政府之间的博弈无法实现生态环境治理与补偿的稳定均衡，必须在上级政府（中央政府）干预下才能实现上游治理、下游补偿的最优补偿策略集的结论，而这一结果与上文中政府干预下农民与城镇居民之间的博弈结果基本一致。

鉴于秦巴水源地政府和下游政府之间的利益关系、参与人的策略集、参与人的收益函数、博弈结果和均衡策略等博弈要素与上文中农民和城镇居民之间的博弈模型基本一致，这里将不再进行秦巴水源地政府、下游政府和中央政府之间的博弈分析。

5.5 本章小结

本章主要从农业面源污染治理利益相关者间的福利分配着手，利用博弈模型分析了如何通过生态补偿实现农业面源污染治理利益相关者的福利均衡问题。博弈的结果充分说明，政府配套制定奖惩和监督机制是农业面源污染治理生态补偿机制实施和运行的保障。

农业面源污染治理利益相关者主要包括农民、城镇居民、地方政府与中央政府。农民与城镇居民之间的微观博弈分析结果表明，两者直接博弈的占优策略是“不治理，不补偿”；只有在政府奖惩监督的干预下，才能实现“治理，补偿”的最优策略集。同时，通过政府干预的博弈结果可知，合理的政府奖惩系数和补偿金额是最优策略达成的必要条件。对农民而言，补偿金额宜高不宜低，政府奖惩系数宜低不宜高；对城镇居民而言，补偿金额宜低不宜高，政府奖惩系数宜高不宜低。因此，政府必须充分考虑农民与城镇居民的成本效益关系，合理设置补偿金额和奖惩系数。另外，地方政府间的中观博弈模型亦有类似结果，即必须在中央政府的奖惩监督下，秦巴水源地政府和下游政府才能达成“治理，补偿”的最优策略。

第六章　农业面源污染治理生态补偿标准测算：农户受偿意愿视角

农户是农业生产的经营者，也是农业面源污染治理生态效益的直接受益者。测算农户在农业面源污染治理中的综合成本效益对设计合理的农业面源污染治理生态补偿金具有重要参考价值。本章的主要目的在于，量化农户在农业面源污染治理中的经济损失和生态效益增值，进而为制定农业面源污染治理生态补偿标准下限提供依据。研究内容主要包括：①分析农户在农业面源污染治理中的综合经济损失；②借助选择实验法获取农户参与农业面源污染治理的受偿意愿数据；③借助 RPL 模型测算农户参与农业面源污染治理的受偿意愿数据，并进一步分析农户受偿意愿的影响因素。

6.1　研究背景

从治理农业面源污染措施的角度分析，采取源头控制技术是防控农业面源污染，提高农业生态系统服务价值的有效措施（饶静、许翔宇、纪晓婷，2011；罗小娟、冯淑怡、石晓平、曲福平，2013）。但从农户角度分析，技术缺乏和减产风险的存在降低了农户采用上述源头控制技术的积极性。在这一背景下，生态补偿被认为是均衡利益相关者之间利益关系、实现外部收益内部化的有效手段（袁伟彦、周小柯，2014；徐涛、赵敏娟、乔丹、史恒通，2018），其实质是通过经济补偿的方式，激励农户在农业生产过程中主动减施减排，进而保障农业生态系统安全，实现农民稳收增收。

制定合理的生态补偿标准是补偿政策可行和有效的关键。换言之，农业面源污染治理生态补偿标准既要对农户形成足够的激励，又要符合社会支出最小化原则。农户不仅是农业面源污染治理的供给者，也是农业生态系统服务的消费者，因而测算合理的补偿标准应充分考虑农户参与治理的直接经济成本和因环境改善获得的生态效益。但是，当前以成本原则为主的核算方法（Claassen et al.，2008；李京梅等，2015）多依据农户生态保护行为的机会成本（Wünscher et al.，2008；李国平、石涵予，2015）、重置成本（耿翔燕等，2018）和实施成本（段靖等，2010）等，忽略了农户因环境改善而获得的生态效益，进而导致补偿标准偏高，造成补偿的低效率。因此，本章在成本补偿的基础上充分考虑补偿效率问题，将农户因农业生态系统改善获得的生态效益纳入补偿标准测算体系。

农业面源污染治理的生态效益包括其在涵养水源、保护土壤、维持生态系统循环、处理农业废弃物和提供安全农产品等方面的生态系统服务价值（Agency，2010；马爱慧等，2012b）。由于市场机制的缺失，这部分生态效益难以通过既有的市场价值评估方法进行估价。那么，如何将这些生态效益纳入农业面源污染治理的生态补偿政策？鼓励水源地农户参与农业面源污染治理应给予多少补偿？哪些因素会影响农户对补偿政策的参与意愿？本章将围绕这些问题展开研究，并给出相关政策建议。

6.2　农户成本效益的识别

农户行为决策目标是其福利最大化。在参与农业面源污染治理的过程中，农户的福利组成通常包括生态补偿、生态收益和农业收益。为合理描述农户的农业生产决策，下面将模拟福利最大化视角下农户的农业生产行为决策逻辑。

首先对各变量和函数作如下定义：农户效用函数为 $U=U(A, E)$，其中 A 表示农业净收入，E 表示农户消费的生态产品。农产品生产函数 $F(X)$、生态产品生产函数 $G(Y)$ 和农户效用函数 $U(A, E)$ 分别为单调递增凹函数，其中各变量的含义分别为：X 为农产品生产投入要素，单位成本为 W；Y 为农业面源污染治理投入要素，单位成本为 R；另外，定义 P_1 为单位农产品价格向量，P_2 为生态产品价格向量，其经济含义是政府作为公众的代理人给予农户生态产品的边际补偿标准。

在此基础上，进一步提出如下假设。

H_1：农户是理性经济人，其决策目标是家庭福利最大化，并且农户明确知道自身的意愿偏好和行为决策结果。

H_2：市场上有 N 个农户，每个农户提供的生态产品是无差异的，即农户消费的生态产品 E 取决于个人生产的生态产品 $G(Y)$，因此有 $E=G(Y)$。

H_3：在没有生态补偿的情况下，农户采取传统的生产方式，农业收入为 $A=A_0$，农业面源污染治理投入为 $Y_0=0$，即 $G(Y_0)=0$；在有生态补偿的情况下，农户将采取环境友好型生产方式，农业收入为 A，农业面源污染治理投入为 Y，此时 $A \geqslant A_0$，$Y \geqslant 0$。

农户生产农产品和生态产品的行为决策模型为：

$$
\begin{cases}
\text{Max } U(A,E) \\
\text{s.t. } P_1F(X)+P_2G(Y)-WX-RY\geqslant A_0 \\
X,Y\geqslant 0
\end{cases}
\tag{6-1}
$$

由式（6-1）得到的拉格朗日函数为：

$$L=U(A,E)+\lambda[P_1F(X)+P_2G(Y)-WX-RY-A_0] \tag{6-2}$$

根据互补松弛性原理可知，当 $\lambda=0$ 且 $X>0$，$Y>0$ 时，

$$\frac{\partial L}{\partial X}=\frac{\partial U_A}{\partial A}[P_1F'(X)-W]=0 \tag{6-3}$$

$$\frac{\partial L}{\partial Y}=\frac{\partial U_A}{\partial A}[P_2G'(X)-R]+\frac{\partial U_E}{\partial E}G'(X)=0 \tag{6-4}$$

根据式（6-3）和式（6-4）可得：

$$P_2=\frac{R}{G'(X)}-\frac{\frac{\partial U_E}{\partial E}}{\frac{\partial U_A}{\partial A}} \tag{6-5}$$

同理，如果 $P_2<\frac{R}{G'(X)}-\frac{\frac{\partial U_E}{\partial E}}{\frac{\partial U_A}{\partial A}}$，则有 $Y=0$。

以上结果说明，保障农户参与农业面源污染治理后福利水平不下降的基本条件是：边际补偿标准=单位生态产品的成本-单位生态产品的货币化效用。这一结论也可进一步表述为：激励农户参与农业面源污染治理的最低补偿标准应为农户参与治理的经济成本减去农户因环境改善获得的生态效益。显然，该补偿标准是补偿的下限，一旦补偿标准低于这一差值，农户将不愿意采取农业面源污染治理措施。

6.3　农户参与农业面源污染治理受偿意愿的实证分析

6.3.1　数据与样本特征

本章所用数据即第三章中提到的调研数据，删除意愿空缺和极值数据后共剩余有效农户样本 632 个，其中 HZ 市 321 个有效样本，AK 市 311 个有效样本。问卷中选择实验问题的统计数据显示，在进行农业面源污染治理方案选择过程中，632 个农户中有 47 个农户选择基准方案（即维持现状），占全部样本的 7.44%，另外 92.56%的农户选择了治理方案，说明在给予一定补偿的前提下，有 92.56%的农户愿意参与农业面源污染治理，这一结果表明补偿金对农户参与污染治理意愿具有显著激励作用。

基于福利经济理论、农户行为理论及国内外相关研究，农户受偿意愿的影响因素主要选择了农户个体特征变量、农户家庭资本禀赋变量和农户心理认知变量。表 6-1 给出了这些变量的定义、赋值及描述性统计结果。

表 6-1　样本变量描述性统计结果

变量	变量定义、赋值及单位	均值	标准差
年龄	受访者周岁年龄	57.13	110.27
受教育程度	受访者受教育年限（年）	6.36	12.94
劳动力数量	家庭劳动力数量（人）	2.95	1.80
家庭收入水平	[0,2)=1;[2,4)=2; [4,6)=3;[6,8)=4; [8,10)=5;[10,+∞)=6 （万元）	3.12	3.08

续表

变量	变量定义、赋值及单位	均值	标准差
农地经营面积	实际经营面积（亩）	4.23	19.85
农业面源污染治理生态效益认知	有生态效益：完全不赞同=1；不太赞同=2；一般=3；比较赞同=4；完全赞同=5	3.99	1.21
农业面源污染治理政策认知	了解政策：完全不赞同=1；不太赞同=2；一般=3；比较赞同=4；完全赞同=5	2.36	1.59

上述变量的选择依据具体如下所示。

第一，农户个体特征变量用年龄和受教育程度表示。前人研究表明，年龄会影响农户个人意识和风险承受能力（李景刚等，2014），受教育程度则影响农户理解能力和学习能力（He et al.，2016），因而这些因素可能会对农户参与农业面源污染治理受偿意愿产生影响。变量描述性统计结果显示，受访者的年龄均值是57.13周岁，受教育程度均值是6.36年，该数据与《陕西统计年鉴2017》、梁凡和朱玉春（2018）的抽样特征基本吻合。

第二，农户家庭资本禀赋变量包括劳动力数量、家庭收入水平和农地经营面积。一般来说，劳动力丰裕度和农地经营面积会在很大程度上影响农户农业生产模式，因而其可能进一步影响农户参与农业面源污染治理意愿；家庭收入水平则通过影响农户风险承受能力和消费需求偏好影响农户对农业面源污染治理的参与度。

第三，农户心理认知变量包括农业面源污染治理生态效益认知变量和政策认知变量（Romy，2015）。农业面源污染治理生态效益认知和政策认知变量能够对农户环境保护行为产生正向激励，因而可能会进一步降低农户对农业面源污染治理生态补偿的期望。

6.3.2　选择实验设计

补偿标准是补偿实施的关键（马爱慧等，2012b），常用的补偿标准估计方法有市场比较法、机会成本法、生态系统服务价值法和意愿调查法（谭秋成，2012）。基于农户视角的农业面源污染治理生态补偿标准测算的难点在于如何估计环境改善带来的生态效益。

学者们通常使用陈述偏好法和显示偏好法进行生态效益（生态系统服务价值）的评估，这些方法已在实践中得到应用并取得了一定发展（Urama and Hodge，2006；Guignet，2012）。生态系统服务价值包括市场价值和非市场价值，其中市场价值部分可以通过市场进行定价，非市场价值因缺乏相应的市场价格机制，评估存在较大困难。陈述偏好法能同时测量生态系统服务的市场价值和非市场价值（Schultz et al.，2012），因而相对优于显示偏好法。

陈述偏好法主要包括条件价值评估法和选择实验法。虽然近年来条件价值评估法是污染控制支付意愿研究中常用的估价方法（何可等，2014；He et al.，2016；全世文、刘媛媛，2017），但选择实验法因能够估算污染控制行为的边际价值和治理情境的全价值，进而提高相关政策的针对性和可行性，已成为环境保护领域的前沿方法（Rolfe and Bennett，2009；Briassoulis et al.，2012；Zhao et al.，2013；Yao et al.，2018）。因此，本章拟运用选择实验法估计农民参与农业面源污染治理的受偿意愿。

农业面源污染治理属性及水平值的设计决定着选择情境的真实性和可靠性（姚柳杨等，2017）。为测算符合社会支出最小化原则的生态补偿标准，本章在选择实验的情境设计中强调了农户参与农业面源污染治理的生态效益和经济损益，具体情境问题为“假设政府通过给予一定经济补偿的方式鼓励您家在水稻种植过程中少用化肥、农药并进行农业废弃物回收，综合考虑污染治理给您家带来的生态效益、经济损失和补偿金额，您会选择以下哪个方案?”对应的备选方案由补偿金、化肥减施量、农药减施量和农业废弃物回收等属性及其水平值组成。

为提高实验设计的合理性，调研小组在预调研中对40户农户进行了深入访谈。针对情境问题“在农业生产的过程中，若政府通过经济补偿的方式鼓励农户保护农业生态系统，在给予一定经济补偿的前提下，您是否愿意执行安全清洁生产模式(完全不用化肥，使用生物农药和除虫灯，秸秆还田、农药瓶和农膜回收)?”有38户农户表示愿意。针对情境问题“为保护农业生态环境不被破坏，若在您家土地上推广上述安全清洁生产模式，以水稻生产为例，您觉得每年每亩地应获得多少补偿?”38户农户给出的答案介于0元到1000元之间，分别是：(600，1000]，3户；(100，600]，30户；(0，100]，5户。此外，通过预调研还了解到，研究区域内有机水稻生产基地在完全不施化肥、农药的生产模式下，减产一半左右。按照这一技术指标进行折算，普通水稻的亩均收入约为1055元，不施化肥、农药亩均收入约为481元，亩均经济损失大概是574元。基于以上经验，选择实验补偿金额的上限为600元，结合农户生态效益的考量，其余补偿金的水平值分别选择0元、150元、200元、300元、400元、500元。

环境友好型源头控制技术是指在农业生产过程中尽可能不用或少用化肥、农药、农膜等化工产品，并进行秸秆等农业废弃物的循环利用（张利国，2011)。根据这一定义，调研小组初步确定了将化肥施用量、农药施用量和农业废弃物回收率作为农业面源污染治理属性；同时在搜集文献资料、咨询农业科学和环境科学专家的基础上设计了属性的水平值，通过预调研最终确定了如表 6-2 所示的属性及水平值。其中，化肥施用量主要是依据国际施肥标准进行设计，中国亩均化肥投入量是世界平均水平的 3.7 倍，也是国际公认安全上限的 1.93 倍，这意味着化肥减施大约 73%时能够与世界平均水平持平，减施大约 50%能够达到国际公认的安全上限，因此，对化肥施用量设置了四项水平值：维持现状、化肥减施 25%、化肥减施 50%、化肥减施 75%。农药施用量水平值的设计参考化肥施用量的水平值。农业废弃物回收是指将秸秆、化肥与农药包装和农膜等农业废弃物进行定点投放、深埋等无害化处理，鉴于部分农户已自发进行秸秆和农膜、农药瓶回收，将农业废弃物回收率水平值设置为全部分类回收和维持现状。

表 6-2　农户受偿意愿视角下的选择实验属性及水平值

属性	属性选择依据	水平值
化肥施用量	以氮肥为例，大约 52%进入环境形成面源污染：7%进入地下水导致硝酸盐富集和水体富营养化，34%通过化学过程成为酸雨的主要成分，11%挥发成为温室气体（朱兆良等，2006）	维持现状 化肥减施 25% 化肥减施 50% 化肥减施 75%
农药施用量	中国亩均农药施用量是世界平均水平的 2.5 倍。据调查，农药的 10%~20%附着在植物体上，40%~60%降落于土壤和水体，5%~30%扩散入大气（冀伟珍，2008）	维持现状 农药减施 25% 农药减施 50% 农药减施 75%
农业废弃物回收率	农业废弃物主要包括秸秆、化肥与农药包装和农膜等，废弃物焚烧会造成严重的大气污染，随意丢弃会造成土壤板结、水体污染并危及动植物生存（李秀芬等，2010）	全部分类回收 维持现状

续表

属性	属性选择依据	水平值
补偿金额	执行上述治理方案，每年给农户每亩农田的补偿金	0元、150元、200元、300元、400元、500元、600元

在确定农业面源污染治理属性及其水平值之后，下一步进行选择实验调研问卷的设计。由表6-2可知，三项环境友好型生产措施及补偿金分别有4个、4个、2个、7个水平值，可能的选择集总共有 $(4\times4\times2\times7)^2=50176$ 个。在实际操作中，让农户在全部选择集中进行选择是不现实的。因此，本章利用Ngene1.1.1软件进行正交实验设计，根据隐含价格方差最小化原则得到12个能够代表所有选择集数理特征的实验组合。每个实验组合对应一份问卷，每份问卷包含了3个独立的选择集（每个实验参与者需要进行3次独立的选择实验），其中每个选择集包括3个备选方案：2个农业面源污染治理方案和1个基准方案（生产方式不变，即维持现状的传统生产方式）。3个方案中没有绝对占优的方案。换言之，问卷一共有12个版本，每个实验参与者只需填写一个版本的问卷，并在调研过程中作出3次选择，每次仅需选择自己效用最高的一个方案。表6-3给出了一个选择实验集的示例，其中方案1和方案2是农业面源污染治理方案，方案3为基准方案（即维持现状）。基准方案是采取当前传统的生产方式，即化肥、农药的使用和农业废弃物的处理维持现状，以及补偿金额为0元。

表 6-3　选择实验选择集示例

评估指标	方案 1	方案 2	方案 3
化肥施用量	维持现状	减施 75%	
农药施用量	减施 25%	维持现状	维持现状
农业废弃物回收率	全部分类回收	维持现状	
补偿金	200 元	300 元	0 元
请投票			

6.3.3　计量模型选择

选择实验的理论基础是 McFadden（1974）的随机效用理论和 Lancaster（1966）的消费者特征价值理论。根据随机效用理论的假设，理性的实验参与者会选择自身效用最大的方案，消费者特征价值理论则认为消费者的效用来自商品携带的属性而非商品本身。

根据上述理论，假设农户 i 从选择集的 j 个属性组合方案中选择第 m 个农业面源污染治理方案所获得的效用为 U_{im}，其包含了确定项 V_{im} 和随机项 ε_{im}：

$$U_{im} = V_{im} + \varepsilon_{im} \tag{6-6}$$

效用函数 V_{im} 由农户对选择方案各属性的偏好决定，假设其为线性函数，则可表示为：

$$V_{im} = \alpha_i ASC + \beta_i x_{im} + \gamma_i ASC_{im} Z_{im} \tag{6-7}$$

上式中，ASC（Alternative Specific Constant）为特定备择常数，表示无治理模式下的农户效用水平；ASC 的系数 α_i 表示农户对基准方案（即维持现状）的偏好程度，α_i 为正，则意味着农户更倾向于选择传统生产方案；反之，则意味着农户更愿意选择农业面源污染治理方案。x_{im} 与 Z_{im} 分别为农业面源污染治理措施的矢量矩阵和实验参与者的社会信息特征变量；β_i 和 γ_i 表示农户对各变量的偏好程度。

在设定估计模型时，选择实验数据常用的估计模型有多变量 Logit（Multinomial Logit，MNL）模型、条件 Logit（Conditional Logit，CL）模型和随机参数 Logit（Random Parameter Logit，RPL）模型。本章拟选择 RPL 模型进行定量分析，原因在于该模型不仅放宽了 MNL 模型和 CL 模型的独立同分布假定，而且能够满足无关备择选项的独立性要求，因而可以减小模型估计误差（Hole，2007）。另外，RPL 模型的参数可以设定为任何形式的混合分布，具有高度灵活性（徐涛、赵敏娟、乔丹、姚柳杨、颜俨，2018），并且可以通过估计系数标准差检验实验参与者对不同属性变量的个体偏好及异质性，更贴近现实情况（Quan，2016）。在 RPL 模型中，农户 i 从 j 个备选方案中选择方案 m 的概率如式（6-8）所示：

$$P_{im} = \int \frac{\exp(V_{im})}{\sum_{J} \exp(V_{ij})} f(\beta)\mathrm{d}\beta \tag{6-8}$$

通过计算变量的隐含价格（Implicit Price，IP）可以得到农户对农业面源污染治理措施的边际受偿意愿（Marginal Willingness to Accept，MWTA），其计算方式为：

$$MWTA_a = IP = -\beta_a/\beta_b \tag{6-9}$$

式（6-9）中，β_a 和 β_b 分别表示某项农业面源污染属性和补偿金的系数。同时，通过估算补偿剩余（Compensating Surplus，CS）可得到农户参与农业面源污染治理不同情境下的受偿意愿（Willingness to Acept，WTA），具体测算公式如下：

$$WTA = CS = -\frac{1}{\beta_b}(V_0 - V_1) \tag{6-10}$$

式（6-10）中，V_0 表示维持现状生产方式下农户的福利水平，V_1 表示某治理情境下农户的福利水平。

6.3.4　模型结果

6.3.4.1　农户社会经济变量的多重共线性检验

考虑到农户的个体特征变量、家庭资本禀赋变量和心理认知变量之间可能存在多重共线性，需对自变量进行多重共线性检验。根据相关诊断标准（He et al.，2016），如果多重共线性检验结果中 *VIF* 值大于 3，则表明自变量之间存在一定程度的多重共线性；如果 *VIF* 值大于 10，则表明自变量之间高度相关。表 6-4 显示了以年龄作为被解释变量的共线性检验结果，从表中可以看出所有解释变量的 *VIF* 值都小于 2，均值为 1.05，说明年龄与其他自变量之间不存在共线性。鉴于篇幅限制，这里仅展示“年龄”作为被解释变量的检验结果。

表 6-4　共线性检验的结果（以年龄为被解释变量）

因变量	自变量	共线性统计量	
		VIF	1/*VIF*
年龄	劳动力数量	1.08	0.93
	农业面源污染治理生态效益认知	1.05	0.95
	家庭收入水平	1.05	0.95
	农业面源污染治理政策认知	1.04	0.96
	受教育程度	1.04	0.96
	农地经营面积	1.02	0.98
	均值	1.05	

6.3.4.2 RPL 模型的输出结果

下面运用 stata 15.0 对 RPL 模型进行仿真似然估计。RPL 模型的优势在于能够设定各变量的系数分布形式，若设定变量系数为固定值，则其系数为传统意义上的系数均值；若设定变量系数服从某一特定分布，则在得到传统意义的系数均值基础上还可以得到系数标准差。根据本章研究内容，结合已有研究经验，将补偿金属性系数设定为固定值，并假定其余属性变量和社会经济特征变量均服从正态分布。

为检验模型的稳健性，实证过程分别估计了只包含属性变量的模型 1 和含有社会经济变量交互项的模型 2，具体结果如表 6-5 所示。由估计结果可知，两个模型均通过了 1%水平的显著性检验，且属性变量的估计结果基本一致，表明模型的结果是稳健且有效的。对两个模型进行似然比检验，结果表明 $-2\times(\text{Log Likelihood}_{模型1}-\text{Log Likelihood}_{模型2})$ 统计量显著通过了卡方检验，说明模型 2 的拟合效果显著优于模型 1，因此下面根据模型 2 的实证结果进行分析。

表 6-5 RPL 模型的估计结果

变量	模型 1			模型 2		
	均值	标准误	标准差	均值	标准误	标准差
ASC	-29.009***	9.081	-24.786***	-19.875**	8.706	27.042***
补偿金	0.004***	0.000	—	0.004***	0.000	—
化肥施用量	-0.006**	0.002	0.006	-0.006***	0.002	-0.007
农药施用量	-0.004**	0.002	-0.009*	-0.004**	0.002	0.013***
农业废弃物回收率	0.090	0.084	0.593*	0.111	0.095	0.943***

续表

变量	模型1			模型2		
	均值	标准误	标准差	均值	标准误	标准差
ASC×年龄				0.275**	0.123	0.509***
ASC×受教育程度				-0.250	0.205	0.097
ASC×劳动力数量				-0.579	0.504	-3.012***
ASC×家庭收入水平				-0.706**	0.336	1.805***
ASC×农地经营面积				0.028	0.101	-0.121
ASC×农业面源污染治理生态效益认知				-5.712***	1.533	-4.914***
ASC×农业面源污染治理政策认知				-11.184***	2.909	0.481
Log Likelihood	-1354.814			-790.34772		
$Prob>chi^2$	0.000			0.000		

注：*、**、*** 分别表示估计结果在10%、5%、1%的水平上显著。

表6-5中模型2的估计结果展示了属性变量和社会经济特征变量对研究区域农户参与农业面源污染治理的受偿意愿的影响机理，具体分析如下。

（1）*ASC*。*ASC* 的系数均值在5%的水平上显著为负，表明农户更倾向于选择农业面源污染治理的补偿方案。农户普遍愿意接受农业面源污染治理生态补偿政策的原因主要有两个：一是农业收入相对较低且呈现下降趋势；二是当前普遍存在的大量施用化肥、农药和随意丢弃农业废弃物现象，已经引发了土地板结和环境污染。农户已经意识到这种环境的破坏，并因此对农业面源污染治理持有积极态度。农业面源污染治理生态补偿政策的优点在于既可以保障农业收益，又能够促进农业劳动力流转向收入更高的二、三产业。

（2）属性变量。补偿金变量的系数均值为正，且通过了1%水平的显著性检验，表明补偿金对农户的农业面源污染治理参与决策具有正向激励作用，适当的补偿金能够显著提高农户的农业面源污染治理意愿。化肥施用量变量和农药施用量变量的系数均值为负且分别通过了1%和5%水平的显著性检验，表明农户普遍倾向于选择治理补偿方案。

变量系数的标准差反映了农户偏好的异质性。化肥施用量的系数标准差未通过显著性检验，表明虽然农户倾向于选择减施化肥的方案，但是化肥施用量的大小对其选择偏好没有显著影响。农药施用量的系数标准差在1%的水平上显著为正，表明农户对农药施用量的偏好具有同向性，只是对减施量大小的偏好强弱不同。农业废弃物回收率变量的系数均值不显著，但是其标准差的系数在1%的水平上显著为正，表明农户对农业废弃物回收存在显著性偏好。但是有的农户偏好部分回收，有的农户偏好全部分类回收，正是这种“反向性偏好”导致了农业废弃物回收率变量的系数均值不显著。

（3）*ASC*与社会经济特征变量的交互项。在所有的交互项中，只有4个交互项的系数显著，具体影响机理分析如下。

第一，年龄交互项的系数显著为正，表明在其他条件不变的情况下，年轻农户更愿意选择农业面源污染治理生态补偿方案。其原因可能在于当前农村养老保障制度不完善，农业产出是老年农户的主要收入来源，他们担心农业产出下降而不愿参与农业面源污染治理。

第二，家庭收入水平的交互项系数显著为负，表明在其他条件不变的情况下，家庭收入水平高的农户更愿意选择农业面源污染治理生态补偿方案。可能的原因是，一方面，减施化肥、农药的经济损失对高收入农户的负面影响较小；另一方面，高收入农户与低收入农户的需求不同，高收入农户往往更重视生活质量与环境安全，因而他们更愿意选择农业面源污染治理生态补偿方案。

第三，农业面源污染治理生态效益认知的交互项系数显著为负，表明在其他条件不变的情况下，生态效益认知程度高的农户更愿意选择农业面源污染治理生态补偿方案。其原因可能在于，生态效益认知程度高的农户往往能够意识到农业面源污染治理对环境保护和人体健康的积极作用。

第四，农业面源污染治理政策认知的交互项系数显著为负，表明在其他条件不变的情况下，政策认知程度高的农户更愿意选择农业面源污染治理生态补偿方案。其原因可能在于，政策认知程度高的农户大多具有关心时政和信息获取渠道丰富的特点，这部分农户通常具有较强的责任心和公众福利意识，是新政策推广的“积极者”，因而其对农业面源污染治理及其补偿方案具有较高热情。

结合系数标准差进行分析，年龄交互项系数、劳动力数量交互项系数、家庭收入水平交互项系数和农业面源污染治理生态效益认知交互项系数的标准差均在1%的水平上显著，表明农户年龄、劳动力数量、家庭收入水平、农业面源污染治理生态效益认知四大变量对农户的农业面源污染治理生态补偿方案选择意愿具有影响，只是在影响强弱上存在一定差异，而农业面源污染治理政策认知交互项系数的标准差不显著，表明无论对农业面源污染治理政策的认知程度如何，农户对农业面源污染治理生态补偿的偏好均没有差异。

6.3.5 农户受偿意愿视角下的补偿标准测算

根据式（6-9）和式（6-10），结合表6-5中RPL模型的估计结果，可测算农户农业面源污染治理的边际补偿标准和治理恢复到不同情境的受偿标准，具体如表6-6所示。

表6-6 不同属性和治理情境的补偿标准

单位：元/（亩·年）

补偿项目	边际补偿标准		世界平均水平补偿标准		有机生产水平补偿标准	
	属性变化	补偿标准	属性变化	补偿标准	属性变化	补偿标准
化肥施用量	减施1%	1.50	减施73%	109.50	减施100%	150.00
农药施用量	减施1%	0.89	减施60%	53.40	减施100%	89.00
总计		2.39		162.90		239.00

由表6-6可知，在减施1%的情境下，农户减施化肥和减施农药的边际补偿标准分别是1.50元/（亩·年）和0.89元/（亩·年）。其中，减施化肥的边际补偿标准比减施农药的边际补偿标准要高，但农户更愿意选择减施农药，原因可能是农药对人体和牲畜的危害是直接而显性的，因而其减施农药的积极性高于减施化肥的积极性。

鉴于中国化肥施用量是世界平均水平的3.7倍，农药施用量是世界平均水平的2.5倍的现实，若将化肥、农药的施用量降低到世界平均水平，即将化肥减施73%、将农药减施60%的情境下，基于农户受偿意愿视角的最低补偿标准是162.90元/（亩·年）。若改善到完全不施用化肥、农药的有机生产情境，减施化肥的补贴标准为150.00元/（亩·年），减施农药的补偿标准为89.00元/（亩·年），基于农户受偿意愿视角的最低补偿标准为239.00元/（亩·年）。

2017 年，HZ 市水稻种植面积为 7.76 万公顷，AK 市水稻种植面积为 2.89 万公顷。以水稻种植为例，根据上述农户受偿意愿的测算结果，若改善到世界平均水平，两市进行农业面源污染治理的财政支出分别为 1.90 亿元和 0.71 亿元，总计 2.61 亿元。若改善到有机生产情境，两市进行农业面源污染治理的财政支出分别为 2.78 亿元和 1.04 亿元，总计 3.82 亿元。

6.3.6　农户受偿意愿视角下补偿标准的合理性检验

（1）与农业面源污染治理机会成本的比较。根据前文表述可知，在完全不施用化肥、农药的有机生产模式下，农业面源污染治理的机会成本大约为 574.00 元/（亩·年），此成本显著大于基于农户有机生产情境的补偿标准 239.00 元/（亩·年）。该结果一方面证实了本研究得出的生态补偿测算结果是基于农户受偿意愿视角的补偿标准下限；另一方面间接表明了农户参与农业面源污染治理生态效益的存在，这一生态效益大约为 351.13 元/（亩·年）。

（2）与休耕补偿标准的比较。与旨在防治水体重金属污染的休耕政策相比，休耕中不施用化肥、农药的补偿标准是 700.00 元/（亩·年），该标准远大于本章中农户有机生产情境补偿标准。该结果不仅证实了本研究补偿标准的合理性，还表明了农户受偿意愿视角下补偿标准下限在实践中所具有的减轻国家财政资金压力的优势。

6.4　本章小结

本章从农户受偿意愿视角着手，测算了农户参与农业面源污染治理的补偿标准下限。为增强说服力和合理性，本章首先通过数理模型证明了基于农户受偿意愿视角的补偿标准下限是其参与治理的经济损失扣除因环境改善获得的生态效益；然后在有机水稻生产基地和实地预调研数据的基础上设计了农户进行农业面源污染治理的选择实验，借此获取农户选择信息，并进一步利用 RPL 模型估算了农户受偿意愿和基于农户受偿意愿视角的补偿标准；最后将本章测算结果分别与农业面源污染治理机会成本和休耕补偿标准进行比较，证实了基于农户受偿意愿视角的补偿标准为补偿标准下限的科学性和合理性。具体研究结论如下。

（1）首先，补偿金对农户的农业面源污染治理参与意愿具有显著的激励作用。其次，减施 1%的情境下，农户减施化肥、农药的边际补偿标准分别是 1.50 元/（亩・年）和 0.89 元/（亩・年）。按照这一标准，化肥、农药施用量达到世界平均水平和采取有机生产模式的不同情境下，研究区域补偿支出的下限分别为 2.61 亿元和 3.82 亿元。

（2）农户对农业面源污染治理偏好存在异质性。具有年龄小、家庭收入水平高、农业面源污染治理生态效益认知程度高以及农业面源污染治理政策认知程度高等特征的农户，更愿意选择农业面源污染治理生态补偿政策。该结论意味着农户的农业面源污染治理参与意愿不仅受个人特征及家庭资本禀赋的限制，还受环保意识和政策环境的约束。

（3）本章测算的补偿标准均低于农户进行农业面源污染治理的机会成本和国家推行休耕政策的补偿标准，该结果不仅说明了本研究所提到的农户生态效益的存在，也证实了基于农户受偿意愿视角的补偿标准是农业面源污染治理生态补偿标准下限的观点。

第七章　农业面源污染治理生态补偿标准测算：城镇居民支付意愿视角

城镇居民是农业面源污染治理正外部性的主要受益者。测算城镇居民在农业面源污染治理中获得的生态系统服务价值对提高农业面源污染治理生态补偿的公平性具有重要的参考价值。本章的主要目的在于，量化城镇居民在农业面源污染治理中获得的生态系统服务价值，从而为制定补偿标准提供参考。研究内容主要从以下三个方面展开：①甄别城镇居民在农业面源污染治理中获得的生态系统服务价值；②利用选择实验法获得城镇居民对农业面源污染治理的支付意愿数据；③基于RPL模型测算城镇居民对农业面源污染治理的支付标准，并进一步分析城镇居民支付意愿的影响因素。

7.1　研究背景

长期以来，由于整个社会对农业生态系统服务的价值认知存在缺陷，特别是非市场价值评估缺失，农业生态系统服务价值通常被低估（任平等，2016），导致农业面源污染治理的生态系统服务价值在利益相关者之间的分配严重失衡（马爱慧等，2012a）。于广大社会公众而言，农业面源污染治理不仅能够提供更好的农产品和生产原料等市场价值，还能提供更洁净的空气和水体及休闲娱乐场所等非市场价值（Gardner，1977；

Hediger and Lehmann，2007；Swinton et al.，2007）。正如第四章关于利益相关者的福利分析中所提到的，生态补偿政策是均衡农业面源污染治理利益相关者成本效益的重要经济手段；同时，鉴于公众作为农业面源污染治理的受益者和消费者身份，出于社会公平的考虑，公众应为农业面源污染治理支付一定的费用。从理论角度而言，与消费者在市场上购买商品的经验类似，农业面源污染治理给公众带来的生态系统服务价值是对进行农业面源污染治理的农户予以补偿的上限（Claassen et al.，2008）。

农业面源污染治理生态系统服务市场价值部分可以直接通过市场估算而来，但是非市场价值往往难以通过实际的交易市场进行交易，也就无法对其进行定价（李广东等，2011；He et al.，2016；Mutandwa et al.，2019）。为此，经济学家们利用陈述偏好法来估计生态系统服务的非市场价值及其全价值（Costanza et al.，1997；Hanley et al.，1998；Johnston and Rosenberger，2010；Zhao et al.，2013；史恒通等，2019）。陈述偏好法主要包括条件价值评估法（CVM）和选择实验法（CEM）。目前关于陈述偏好法的研究是以 CVM 为主，CEM 的应用案例相对较少。然而有研究发现，在非市场价值评估中，CEM 相比 CVM 更具有优势：CEM 能够计算单个属性的价值和属性的边际价值（Hanley et al.，1998），比 CVM 更具实用性；同时，CEM 还能够避免 CVM 的“Yea Saying”问题（Ready et al.，1996），并有效提高模型估计的效度和信度。因此，本章拟采用选择实验法来分析城镇居民对农业面源污染治理的支付意愿。

目前，陈述偏好法在农业面源污染治理价值评估方面也得到应用。例如，唐学玉等（2012）运用 CVM 分析了影响农户对农业面源污染治理的支付意愿的因素，并在此基础上采用Tobit模型估计了农户愿意支付的金额（WTPA）；蔡银莺和张安录（2010）运用CVM测算了消费者需求意愿视角下的农田生态补偿标准；谭永忠等（2012）运用CEM收集了城乡居民对于基本农田非市场价值的认知偏好并进一步分析城乡居民对于基本农田非市场价值的支付意愿，最后测算得出德清县基本农田的非市场价值。

在农业面源污染治理生态补偿政策中，科学而全面地衡量农业面源污染治理的价值，对提高补偿的公平性具有重要意义。因此，本章从城镇居民支付意愿的视角出发，通过选择实验法采集城镇居民的支付偏好数据，并进一步通过RPL模型分析城镇居民的支付意愿、支付偏好及支付意愿的影响因素，在此基础上测算农业面源污染治理生态补偿标准的理论上限值。

7.2　农业面源污染治理生态系统服务价值的识别与评估

关于社会公众对农业面源污染治理生态系统服务价值的评价，国内外学者也进行了深入探讨。在价值认知方面，农地（农业生态系统）具有生态系统服务价值的观点已成为学界共识。近年来，学者们从理论和实践的角度肯定了农业生态系统服务的市场价值与非市场价值：Davide（2007）提出了一个通过地理信息系统（Geographic Information System，GIS）软件评价农地景观生态价值的数学方法，其测算依据是农地景观类型、剩余覆盖物、森林与农业区的交叉长度及自然资源存储量等生态指标变量；Jackson等（2012）结合农业生态系统服务价值评估领域专家的意见，对农业景观和生物多样性的价值进行了估计，并通过因子分析法进一步分析该价值的形成影响机制；蔡运龙和霍雅勤（2006）重建了耕地价值内涵的分析框架，并通过市场机制进行估价，其结论为我国耕地系统具有经济产出价值、生态服务价值和社会保障价值，同时价值的区间差异较为明显，表现为东、中、西部的耕地价值依次下降；李国敏等（2017）重构了耕地非农化价值框架，提出耕地非农化过程中的价值补偿应包括耕地非农化经济产出价值损失、耕地非农化社会稳定价值损失和耕地非农化生态环境价值损失三部分。

在价值评估方面，随着陈述偏好法、地理信息系统和价值当量因子法的成熟，农业生态系统服务的非市场价值评估得到了长足发展。近年来，国内外学者们通过实验证明了公众对农业生态系统服务价值具有显著的支付意愿，并以此为基础讨论了耕地保护的补偿标准：Johnston 和 Duke（2007）估计了美国康涅狄格州的公众对农地经营面积、公众渠道、用途等属性的支付意愿，研究发现公众对耕地保护政策的支付意愿是 2.00 美元/人；谭永忠等（2012）分析了浙江省德清县城乡居民对水质、生物多样性、教育和体验、粮食生产等属性的支付意愿，研究发现城镇居民支付意愿为 143.04 元/（户・年），农村居民支付意愿为 27.47 元/（户・年）；马爱慧和张安录（2013）研究了武汉公众对耕地保护政策的支付意愿，发现城镇居民对农田质量与肥力属性的支付意愿为 75.16 元/人，对生态景观的支付意愿为 154.41 元/人；杨欣等（2016）通过潜在分类模型测算得到武汉市民对农地经营面积、肥力、水质、空气质量、物种多样性和娱乐休憩属性的总支付意愿为 7407.24 元/公顷。

从社会公平的角度分析，农业面源污染治理的全价值部分理应成为补偿标准上限，该全价值包括农业生态系统服务的市场价值和非市场价值。从经济学的视角分析，农业面源污染治理的受益者（消费者）是全社会公众，其中，农民既是生产者也是消费者，而城镇居民是单纯的消费者。在此基础上，结合本研究理论框架，将城镇居民视为治理的外部效益的消费者。根据市场价值理论，物品售价的上限为消费者效用值，因此可以将城镇居民因农业面源污染治理获得的全价值作为其进行生态补偿的上限值。

7.3　基于城镇居民支付意愿的补偿标准实证分析

7.3.1　研究数据与变量选择

本章研究数据来自 2016 年 12 月和 2017 年 12 月对陕西省 HZ 市和 AK 市的 595 个城镇居民的调研数据，其中在 AK 市收集有效问卷 311 份，调研区域选择了 HB 区的主要街道；在 HZ 市共收集有效问卷 284 份，调研区域选择了 HT 区的主要街道。出于对街道人数和社会经济发展情况的综合考量，调研员被均匀分布于 HB 区和 HT 区的主要街道，调研工作采用随机抽样的方式展开。

研究对象主要为在本地长期居住的居民，年龄主要集中在 20~70 岁。样本统计数据显示，在进行农业面源污染治理方案选择的过程中，有 63 个受访者选择维持现状，即基准方案，占全部样本的 10.59%，其余 89.41%的受访者选择农业面源污染治理方案。这一结果表明，在受访者中，有 89.41%的城镇居民愿意为农业面源污染治理支付一定的费用。在所有不愿支付费用的原因选项中，7.48%的受访者选择了“污染不严重，没必要治理”，18.69%的受访者选择了“这个问题对我家影响不大，我不关心”，43.93%的受访者选择了“经济原因，没钱”，29.91%的受访者选择了“担心白花钱，没有效果”。

基于福利经济学、行为经济学理论及国内外相关研究文献，关于城镇居民支付意愿的影响因素本章选择了个体特征、家庭资本禀赋、现状评价、主观认知和社会资本变量，具体选择依据如下。

（1）个体特征。主要包括性别、年龄和受教育程度。前人研究表明，公众的性别和年龄决定着个人价值观和环境观的形成（李潇，2018；黄忠敬等，2019）；《2007 年全国公众环境意识调查报告》指出（中国环境意识项目办，2008），受教育程度会通过影响个体对事物的认知能力和分析能力决定个人的环境保护意识。

（2）家庭资本禀赋。主要包括家庭收入和家庭抚养比。家庭收入在很大程度上决定着一个家庭的消费行为。一般而言，收入高的家庭更具有消费能力，也更注重食品安全和生态环境质量（李晓平等，2016），因而其可能更愿意为农业面源污染治理支付一定的费用。家庭抚养比是家庭中非劳动力人数与劳动力人数的比值，家庭抚养比越大说明家庭中劳动力供养的非劳动力越多，该指标反映了家庭的人口结构和经济压力。相对而言，家庭抚养比越大，家庭的经济能力越差，因而其对农业面源污染治理的支付意愿可能就越低。

（3）现状评价。主要包括农业生态系统现状评价和农业面源污染现状估计。农业生态系统现状评价反映城镇居民对本区域农业生态系统安全性的评估；农业面源污染现状估计则反映城镇居民对农业面源污染发生程度的主观感受。城镇居民对农业生态系统的评价越低，其对农业面源污染现状的估计越严重，改变现状的意愿就会越强烈，因而其对农业面源污染治理的支付意愿往往会越高。

（4）主观认知。选择了农业面源污染危害认知、治理效益评价和补偿政策认知 3 个维度，并进一步设计了 6 个自变量。其中，化肥危害程度认知、农药危害程度认知和农业废弃物危害程度认知均可表征城镇居民对农业面源污染危害的认知程度；农业面源污染治理的生态效益认知和健康效益认知均可表示城镇居民对农业面源污染治理效益的评价；农业面源污染治理的补偿政策认知表示城镇居民对农业面源污染治理政策的认知程度。值得注意的是，由于国家尚未出台全面系统的农业面源污染治理生态补偿政策，这里的补偿政策是指国家已经大范围推广的退耕还林和退耕还草政策，以此为例，调研受访者对补偿意义和补偿政策的了解程度。根据常理判断，城镇居民对农业面源污染危害认知越清楚、对治理的效益评价越高、对补偿政策越了解，其对农业面源污染治理的支付意愿也越高。

（5）社会资本。选择了社会网络与社会信任两个维度。其中，社会网络决定着个体的信息获取能力和接受能力，并进而影响其环保意愿（严奉宪、张琪，2017），本章拟选择手机联系人数与借钱人数表征城镇居民的社会网络。社会信任能够反映出个体对他人和政府执行力的信任程度，将会直接影响到个体对农业面源污染治理的付费意愿（郭文献等，2014；何可等，2015），本章拟选择对亲戚朋友的信任程度和对当地政府的信任程度表示城镇居民的社会信任。

各变量的赋值情况与统计特征如表 7-1 所示。

表 7-1　变量赋值与样本描述性统计特征

变量	变量赋值及单位	均值	标准差
性别	男=1；女=0	0.60	0.49
年龄	受访者周岁年龄	49.42	13.24
受教育程度	受教育年限（年）	11.51	4.04
家庭收入	[0，2）=1；[2，4）=2；[4，6）=3；[6，8）=4；[8，10）=5；[10，+∞）=6（万元）	3.51	1.63
家庭抚养比	家庭非劳动力人数/劳动力人数	0.69	0.79
农业生态系统现状评价	本地农业生态系统打分：1~10分	6.70	1.91
农业面源污染现状估计	本地存在农业面源污染：1=完全赞同；2=比较赞同；3=一般；4=不太赞同；5=完全不赞同	3.54	0.76
化肥危害程度认知	化肥过量污染项数：①污染水体；②造成土壤板结；③挥发物污染大气；④降低农产品品质	2.86	1.07
农药危害程度认知	农药过量污染项数：①污染土壤；②杀死田间益虫鸟兽；③污染水体；④挥发物污染大气；⑤残留物危害人体健康	3.88	1.28
农业废弃物危害程度认知	农业废弃物污染项数：①污染水体；②破坏乡村景色；③焚烧污染空气	2.31	0.85
农业面源污染治理的生态效益认知	减施化肥、农药有利于保护生态环境：1=完全不赞同；2=不太赞同；3=一般；4=比较赞同；5=完全赞同	4.15	0.89
农业面源污染治理的健康效益认知	减施化肥、农药能够降低居民疾病发生率：1=完全不赞同；2=不太赞同；3=一般；4=比较赞同；5=完全赞同	3.60	1.33
农业面源污染治理的补偿政策认知	是否了解国家退耕还林和退耕还草等生态补偿政策：1=非常了解；2=大体了解；3=不太了解；4=完全不了解	2.52	0.81
手机联系人数	手机联系人数（人）	134.38	147.51
借钱人数	遇事能借到钱的人数（人）	10.40	14.09

续表

变量	变量赋值及单位	均值	标准差
对亲戚朋友的信任程度	对亲戚朋友的信任程度：1=非常不信任；2=比较不信任；3=一般；4=比较信任；5=非常信任	4.09	0.73
对当地政府的信任程度	对当地政府的信任程度：1=非常不信任；2=比较不信任；3=一般；4=比较信任；5=非常信任	2.41	1.05

7.3.2　选择实验法设计

假设市场的问题情境决定着选择实验设计的合理性和可靠性，本章选择实验的问题情境为："假设现在治理本区域农业面源污染，以水稻为例，鼓励农民采用新型农业生产技术，例如测土配方施肥、秸秆还田、推广生物农药和安装除虫灯等绿色生产技术。这些绿色生产技术可以提高生态环境安全程度，提高全社会福利水平。这些绿色生产技术无疑会提高农产品生产成本。综合考虑农业面源污染治理给您带来的好处和农民采用绿色生产技术的成本，现假设在全县推广安全生产模式，您家每年愿意支付多少钱支持农业面源污染治理?"为提高实验设计的合理性，在预调研中调研小组通过条件价值评估的方法对36个城镇居民的支付意愿进行了调查，针对上述情境问题直接对受访者进行询问，结果显示：①有3个受访者表示不愿意付费；②难以付费的受访者中，付费金额（单位：元）在(0，200]区间的有4人，在(200，400]区间的有16人，在(400，600]区间的有9人，在(600，+∞)区间的有4人。根据预调研结果，结合第六章基于农户受偿意愿视角的选择实验设计经验，本章基于城镇居民支付意愿视角的选择实验补偿金额属性的水平值分别选择了0元、100元、150元、200元、

250 元、300 元、350 元。

根据农业面源污染的定义及其治理特征，城镇居民支付意愿问卷的选择实验属性选择了化肥施用量、农药施用量和农业废弃物回收率。化肥施用量属性水平值分别为维持现状（指当前的 60 千克/亩）、减少 25%、减少 50%（此时达到国际公认安全标准上限）、减少 75%（减施 73%，达到世界平均水平）。农药施用量属性水平值分别为维持现状（指当前的 1 千克/亩）、减少 60%（此时达到世界平均水平）、减少 70%（此时实现政府规划目标）。农业废弃物回收率属性水平值分别为 65%（维持现状）、75%、85%（实现政府的规划目标）。其中，基准方案（即维持现状）的属性及水平值为：化肥施用量 100%、农药施用量 100%、农业废弃物回收率 65% 以及支付 0 元。选择实验属性及其水平值的设计情况如表 7-2 所示。

表 7-2 城镇居民支付意愿视角下的选择实验属性及水平值

属性	属性选择依据	水平值
化肥施用量	化肥过量投入会导致一系列环境问题，如土壤酸碱化、植物营养吸收率下降、水体富营养化等。我国化肥施用量是世界平均水平的 3.7 倍，是国际公认安全上限的 1.93 倍	维持现状 化肥施用量减少 25% 化肥施用量减少 50% 化肥施用量减少 75%
农药施用量	过量农药投入会杀死田间昆虫鸟兽、污染土壤和水体，并对人体健康造成威胁。我国单位面积化学农药用量已经是世界平均用量的 2.5 倍	维持现状 农药施用量减少 60% 农药施用量减少 70%
农业废弃物回收率	农业生产过程中的农业废弃物主要包括秸秆、农药包装、农膜等。2016 年统计数据显示，HZ 市秸秆综合利用率为 71%，AK 市秸秆综合利用率和农膜回收率分别为 57.2%和 12.8%	65% 75% 85%

续表

属性	属性选择依据	水平值
补偿金额	家庭每年愿意为上述变化支付的费用	0、100、150、200、250、300、350 元

在确定选择实验属性及其水平值之后，下一步需要进行选项集设计。根据排列组合理论，各属性分别有 4 个、3 个、3 个、7 个水平值，可以组成 $(4\times3\times3\times7)^2=63504$ 个选择集。考虑到受访者的耐心、调研时间和问卷长度等限制，难以让实验参与者在所有的选择集中进行选择，因此有必要从 63504 个选择集中选出部分具有代表性的选择集。本研究利用 Ngene1.1.1 软件进行正交实验设计，根据隐含价格方差最小化原则得到 12 个能够代表所有选择集数理特征的农业面源污染治理方案，它们最终与基准方案（维持现状的传统生产方式）一起组成了 18 个选择集，并最终形成 6 个实验组合。换言之，城镇居民支付意愿的调查共设计了 6 个问卷版本，每个问卷包括 3 个选择集，每个选择集中包括 2 个农业面源污染治理方案和 1 个基准方案，这 3 个方案之间没有占优或冗余的备选方案。每个实验参与者只需填写一份问卷，并分别在问卷的 3 个选择集中进行选择，即每个实验参与者需要在问卷内进行 3 次选择实验投票。表 7-3 给出了其中一个选择集，方案 1 是基准方案，即化肥施用量、农药施用量和农业废弃物回收率均维持现状，支付金额为 0 元；方案 2 和方案 3 均为农业面源污染治理方案。

表 7-3　选择实验选择集示例

评估指标	方案 1（基准方案）	方案 2（改善 1）	方案 3（改善 2）
化肥施用量	维持现有水平（60 千克/亩）	减少 50%（30 千克/亩）	维持现有水平（60 千克/亩）
农药施用量	维持现有水平（1 千克/亩）	维持现有水平（1 千克/亩）	减少 60%（0.4 千克/亩）
农业废弃物回收率	维持现有水平（65%）	达到 85%	维持现有水平（65%）
您家每年愿意为此付费	0 元	250 元	200 元
请投票			

7.3.3　计量模型选择

本节拟选择 RPL 模型估计城镇居民对农业面源污染治理的支付意愿及其支付意愿的影响因素。假设城镇居民 n 从选择集的 j 个属性组合方案中选择第 i 个农业面源污染治理方案所获得效用为 U_{ni}，其包括了确定项 V_{ni} 和随机项 ε_{ni}，具体如式（7-1）所示：

$$U_{ni} = V_{ni} + \varepsilon_{ni} = \alpha_n ASC + \beta_n X_i + \varepsilon_{ni} \tag{7-1}$$

其中，ASC 为特定备择常数，基准水平下设置为 1，表示无治理模式下城镇居民的福利水平。ASC 的系数 α_n 表示城镇居民对基准方案的偏好程度，α_n 为正，表示城镇居民更倾向于选择维持现状；反之，则表示城镇居民更愿意选择农业面源污染治理方案。

在此基础上，通过变量的隐含价格（IP）可得到城镇居民对第 a 项农业面源污染治理措施的边际支付意愿（MWTP），具体计算公式如下：

$$MWTP_a = IP = -\beta_a/\beta_b \tag{7-2}$$

式（7-2）中，β_a 表示第 a 项农业面源污染治理属性；β_b 为支付意愿的系数。同时，通过估算补偿剩余（CS）可得到不同治理情境下城镇居民对农业面源污染治理的支付意愿（WTP），具体测算公式如下：

$$WTP_n = CS_n = -\frac{1}{\beta_{nb}}(V_{n0} - V_{n1}) \tag{7-3}$$

式（7-3）中，V_{n0} 表示基准方案下城镇居民 n 的福利水平，V_{n1} 表示某治理情境下该城镇居民的福利水平。

鉴于 RPL 模型具有能够表达受访者支付意愿异质性的优势，在此基础上，进一步测算城镇居民支付意愿（WTP）的影响因素：

$$WTP_n = \sum \gamma_j X_{nj} + e_{nj} \tag{7-4}$$

式（7-4）中，γ_j 表示城镇居民的社会经济资本禀赋及心理认知等变量对其支付意愿的影响程度；X_{nj} 表示城镇居民的社会经济资本禀赋变量及心理认知变量等；e_{nj} 为误差项，服从均值为 0 的正态分布。

7.3.4　城镇居民支付意愿与补偿标准

本节拟运用 stata15.0 软件对 RPL 模型进行仿真似然估计。根据本章的研究内容，结合已有研究经验，模型设定支付意愿属性系数为固定值，设定农业面源污染治理属性服从正态分布。具体估计结果如表 7-4 所示。

表 7-4 RPL 模型的估计结果

变量	系数	标准误	标准差
ASC	-2.078***	0.244	—
支付意愿	-0.004***	0.001	—
化肥施用量	-0.010***	0.002	-0.034***
农药施用量	-0.024***	0.003	0.041***
农业废弃物回收率	-0.004	0.008	0.101***
LogLikelihood (LL)	-1517.358		
$Prob>chi^2$	0.000		
Number of obs	5355		

注：*、**、*** 分别表示估计结果在 10%、5%、1%的水平上显著。

根据表 7-4 的估计结果可知，模型整体通过 1%水平的显著性检验，表明模型拟合效果显著。对模型系数的分析如下。

（1）*ASC*。*ASC* 的系数在 1%显著性水平上通过了检验且为负数，这表明维持现状对城镇居民具有负向效用，城镇居民普遍更愿意参与农业面源污染治理。出现该结果的原因可能在于，城镇居民已逐渐意识到过量的化肥、农药和农业废弃物造成的污染，因此相对于基准方案（即维持现状）而言，城镇居民普遍倾向于选择农业面源污染治理生态补偿方案。

（2）属性变量。支付意愿的系数在 1%显著性水平上通过了检验且为负数，表明支付金额对城镇居民具有负向效用。该结果说明城镇居民对支付行为本能地具有抗拒性，因为支付金额会降低城镇居民的福利水平。化肥施用量和农药施用量均在 1%的显著性水平上通过了检验且为负数，表明城镇居民更愿意选择化肥、农药施加量小的方案。这一结果表明城镇居民已逐渐意识到化肥、农药的过量施用对生态环境和公众健康的负面影响。化肥施用量属性和农药施用量属性的标准差都在 1%

的显著性水平上通过了检验，表明城镇居民对化肥施用量和农药施用量的选择存在偏好异质性。该结论进一步验证了进行支付意愿偏好异质性分析的必要性。农业废弃物回收率的系数不显著但其标准差的系数在1%显著性水平上通过了检验，表明城镇居民对农业废弃物回收变量存在显著的“反向性差异”（徐涛、赵敏娟、乔丹、姚柳杨、颜俨，2018），即有的城镇居民偏好农业废弃物高回收率，有的偏好农业废弃物低回收率，甚至有的没有显著性偏好，正是这种反向性偏好导致了农业废弃物回收系数不显著。

结合式（7-2）和式（7-3），可估计城镇居民对农业面源污染治理的边际支付意愿并测算出不同治理情境下的支付标准，结果如表7-5所示。

表7-5　城镇居民支付意愿视角下的支付标准测算结果

单位：元/（户·年）

项目	边际支付意愿		世界平均水平支付意愿		有机生产水平支付意愿	
	属性变化	支付意愿	属性变化	支付意愿	属性变化	支付意愿
化肥施用量	减施1%	2.34	化肥减施73%	170.82	不施化肥	234.00
农药施用量	减施1%	5.42	农药减施60%	325.20	不施农药	542.00
总计		7.76		496.02		776.00

由表7-5可知，在减施1%的情境下，城镇居民对减施化肥和农药的边际支付意愿分别是2.34元/（户·年）和5.42元/（户·年），减施农药的边际支付意愿明显高于减施化肥的边际支付意愿，对此可能存在以下两个原因：一方面，从危害对象来看，过量的化肥施用往往会造成土壤板结、水体富营

养化等环境问题，过量的农药施用不仅危害生态环境安全，还会造成有害物质在人体的聚集，危害人体健康；另一方面，从影响程度来看，近年来频发的农药残留中毒事件以及因农药残留发生的贸易壁垒等问题，经网络媒体的广泛宣传，已引发了人们的高度重视，城镇居民对农药施用情况的关注也逐渐加大。同时由于化肥过量施用的危害具有隐蔽性和潜伏性，并且城镇居民直面化肥过量施用所引发的水土问题的机会比较少，因而城镇居民对化肥危害的认识没有对农药危害的认识那么深刻。

鉴于当前我国化肥施用量是世界平均水平的 3.7 倍，农药施用量是世界平均水平的 2.5 倍的事实，若整个研究区域水稻种植中化肥和农药施用量改善到世界平均水平（化肥减施 73%、农药减施 60%）时，城镇居民支付标准是 496.02 元/（户·年）。有机水稻在种植过程中并不施用化肥和农药，是市场上最符合绿色生产要求的水稻，对生态环境和人体健康都没有负面影响。若整个研究区域水稻生产过程中的化肥和农药施用量改善到有机生产水平，即完全不施用化肥和农药的情境下，城镇居民支付标准是 776.00 元/（户·年）。

2017 年陕西省统计数据显示，AK 市户籍数为 1064358 户，HZ 市的户籍数为 1384601 户。2017 年，AK 市和 HZ 市的城镇化率分别为 47.20%（《2017 年 AK 市国民经济和社会发展统计公报》）和 33.96%（《2017 年 HZ 市国民经济和社会发展统计公报》）。由此可折算出，AK 市城镇居民为 502377 户，HZ 市城镇居民为 470210 户。结合上述城镇居民的支付意愿，经计算可知：AK 市和 HZ 市对农业面源污染治理到世界平均水平的补偿标准分别为 2.50 亿元和 2.33 亿元，两项总计 4.83 亿元；AK 市和 HZ 市对农业面源污染治理到有机水平的补偿标准分别为 3.90 亿元和 3.65 亿元，两项总计 7.55 亿元。

7.3.5　城镇居民补偿标准的影响因素分析

在 RPL 模型的基础上，本节运用 Mixbate 命令进一步测算城镇居民在完全不施用化肥、农药情境下的 WTP 数据，以此为因变量进行线性回归，判断哪些社会经济变量对城镇居民的农业面源污染治理支付意愿具有影响，并进一步分析其影响机制。

7.3.5.1　共线性检验

考虑到城镇居民的个体特征、家庭资本禀赋、主观认知和社会资本等变量之间可能存在多重共线性，需对各变量进行多重共线性检验。根据相关诊断标准（He et al.，2016），如果 *VIF* 值大于 3，则自变量之间存在一定程度的多重共线性；如果 *VIF* 值大于 10，则自变量之间存在高度相关性。通过测算可知，影响因素各自变量之间不存在明显的多重共线性。鉴于篇幅限制，这里仅展示以“年龄”作为被解释变量的检验结果（见表 7-6），其中所有解释变量的 *VIF* 值都小于 2，均值为 1.31，其余自变量作为被解释变量也均通过了共线性检验。

表 7-6　共线性检验的结果（以年龄为例）

因变量	自变量	*VIF*	1/*VIF*
年龄	农药危害程度认知	1.84	0.54
	化肥危害程度认知	1.62	0.62
	农业面源污染治理的健康效益认知	1.52	0.66
	对亲戚朋友的信任程度	1.45	0.69
	农业面源污染治理的生态效益认知	1.42	0.70

续表

因变量	自变量	VIF	1/VIF
年龄	性别	1.42	0.71
	受教育程度	1.36	0.73
	农业面源污染现状估计	1.36	0.73
	手机联系人数	1.29	0.77
	借钱人数	1.28	0.78
	对当地政府的信任程度	1.10	0.91
	农业面源污染治理的补偿政策认知	1.09	0.92
	家庭收入	1.08	0.93
	农业废弃物危害程度认知	1.07	0.93
	家庭抚养比	1.06	0.94
	农业生态系统现状评价	1.03	0.97
	VIF 均值	1.31	

7.3.5.2 城镇居民支付意愿影响因素分析

城镇居民支付意愿影响因素分析中的因变量为有机生产模式下城镇居民对农业面源污染治理的支付意愿（完全不施化肥和农药的支付标准）。表 7-7 显示了个体特征、家庭资本禀赋、现状评价、主观认知和社会资本（社会网络、社会信任）等变量对城镇居民支付意愿的影响。模型结果显示，调整后的 R^2 为 0.593，P 值为 0，说明影响因素较好地解释了城镇居民支付意愿的差异。

表 7-7 城镇居民支付意愿的影响因素分析

变量	解释变量	系数	标准误
常数项	cons	-2317.047***	295.749

续表

变量	解释变量	系数	标准误
个体特征	性别	446.266***	57.656
	年龄	8.161***	2.296
	受教育程度	49.291***	7.327
家庭资本禀赋	家庭收入	59.657***	16.200
	家庭抚养比	28.948	33.180
现状评价	农业生态系统现状评价	6.609	13.437
	农业面源污染现状估计	-66.125*	38.727
主观认知	化肥危害程度认知	78.084***	30.284
	农药危害程度认知	122.631***	27.373
	农业废弃物危害程度认知	-19.913	30.803
	农业面源污染治理的生态效益认知	422.239***	35.670
	农业面源污染治理的健康效益认知	167.769***	24.327
	农业面源污染治理的补偿政策认知	-122.356***	32.896
社会网络	手机联系人数	-0.495**	0.195
	借钱人数	13.018***	2.030
社会信任	对亲戚朋友的信任程度	3.180	41.962
	对当地政府的信任程度	108.310***	25.261
	Prob>F	0.000	
	$Adj\text{-}R^2$	0.593	
	Number of obs	595.000	

注：*、**、*** 分别表示估计结果在 10%、5%、1%的水平上显著。

结合表 7-7 的测量结果，对各变量的分析如下。

（1）个体特征。实证结果显示，受访者的性别、年龄和受教育程度均在 1%的显著性水平上通过了检验，且系数均为正，说明具有男性、年长和受教育程度高等特征的城镇居民对农业面源污染治理的支付意愿更高。这一结论与实际相符：一方面，年长的男性往往更关注社会动态和国家政策，并且有着更强的社会责任感，因而他们更了解化肥、农药过量施用的危害并愿意为农业面源污染治理付费；另一方面，受教育程度高的城镇居民的理解能力和收入较高，对农业面源污染治理有较高的支付意愿。

（2）家庭资本禀赋。实证结果显示，家庭收入在1%的显著性水平上通过了检验，且系数为正，而家庭抚养比未通过显著性检验，说明家庭收入对城镇居民的农业面源污染治理支付意愿具有显著的激励作用。这一结果可以用城镇居民的消费能力和消费观来解释：一方面，家庭收入高的农户有着更强的消费能力，针对农业面源污染治理这件与身心健康息息相关的商品，他们具有更强的购买力；另一方面，根据马斯洛需求层次理论，在满足了衣食住行等基本需求之后，城镇居民将会主要聚焦于安全需求和更高层次的自我实现需求。因此，家庭收入高的城镇居民往往更重视生态环境安全和社会责任，进而具有更高的农业面源污染治理支付意愿。

（3）现状评价。实证结果显示，农业面源污染现状估计在10%的显著性水平上通过了检验，且系数为负数，农业生态系统现状评价则没有通过显著性检验。这表明城镇居民对农业面源污染现状估计越不乐观，其支付意愿也就越高。

（4）主观认知。实证结果显示，化肥危害程度认知和农药危害程度认知在1%的显著性水平上通过了检验，且系数均为正，而农业废弃物危害程度认知没有通过检验。这表明城镇居民对化肥和农药的危害认知越清晰，其越愿意为农业面源污染治理付费；同时，由于农膜、农药瓶和秸秆等农业废弃物对城镇居民的影响较小，可能只有部分城镇居民能够意识到农业废弃物的危害，另一部分城镇居民意识不到农业废弃物的危害，这种种群内部差异最终导致城镇居民对农业废弃物危害程度认知的系数不显著。农业面源污染治理的生态效益认知和健康效益认知均在1%的显著性水平上通过了检验，且系数为正，表明城镇居民对农业面源污染治理的生态效益和健康效益的认知均有助于提高其对农业面源污染治理的支付意愿。农业面源污染治理的补偿政策认知在1%的显著性水平上通过了检验且系数为负数，表明城镇居民对补偿政策越了解，越愿意为农业面源污染治理支付一定的费用。这一结论与事实相符，如果城镇居民对退耕还林和退耕还草等补偿政策较为了解，则意味着其更能理解生态环境保护补偿的本质和意义，因此城镇居民对补偿政策的认知程度对其农业面源污染治理支付意愿具有显著影响。

（5）社会资本。实证结果显示，表征社会网络的手机联系人数和借钱人数分别在5%和1%的显著性水平上通过了检验，两者的区别在于手机联系人的系数为负，借钱人数的系数为正，这表明手机联系人越少和可借钱人数越多，城镇居民对农业面源污染治理的支付意愿越高。手机联系人数量对城镇居民的农业面源污染治理支付意愿的负向影响貌似与已有研究中社会网络对城镇居民环境保护意愿具有正向影响的结论（乔丹等，2017）相悖，原因可能在于虽然手机联系人数量只能表示受访者的社会网络范围，但是它并不能表示其社会网络质量，很多受访者的手机联系人并不能够为受访者提供信息沟通渠道，也未能提高受访者的社会责任感（崔悦等，2019）。而可借钱人数多则意味着受访者具有高质量的社会资源和社会网络，不仅能够为受访者提供信息沟通的渠道，还能在一定程度上提高受访者的社会责任感，强化其利他心理（孔祥智等，2004；方松海、孔祥智，2005）。表征社会信任的对当地政府的信任程度在1%的显著性水平上通过了检验且系数为正数，而对亲戚朋友的信任程度未通过显著性检验。这表明对当地政府信任程度高的城镇居民对农业面源污染治理的支付意愿更高，其原因可能在于农业面源污染治理属于公共物品范畴，即使个人具有一定的支付意愿，具体实施仍需要政府牵头，因此，对政府具有更高信任程度意味着城镇居民相信政府的执行能力以及自己支付费用确实有助于减轻农业面源污染。

7.4 本章小结

7.4.1 本章研究结论

本章以水稻生产为例，基于城镇居民支付意愿视角设计了选择实验问卷，利用RPL模型测算了城镇居民对农业面源污染治理的支付意愿和支付偏好，并结合Mixbate命令和线性回归进一步分析了城镇居民偏好异质性的影响因素，主要结论如下。

第一，在所有的调查样本中，89.41%的城镇居民愿意为农业面源污染治理支付一定的费用，该结果说明大部分城镇居民已经认识到农业面源污染的危害，并愿意为其治理付费。

第二，在农业面源污染治理的化肥施用量、农药施用量和农业废弃物回收率三项属性中，城镇居民对前两者具有显著的支付意愿。城镇居民对减施化肥和减施农药的边际支付意愿分别是2.34元/（户·年）和5.42元/（户·年），可见其对减施农药的边际支付意愿显著高于对减施化肥的边际支付意愿。根据上述结果测算可知，研究区域化肥和农药施用量改善到世界平均水平（化肥减施73%、农药减施60%）时，城镇居民支付意愿是496.02元/（户·年）；研究区域化肥和农药施用量改善到有机生产水平（完全不施用化肥和农药）时，城镇居民支付意愿是 776.00 元/（户·年）。

第三，影响城镇居民对农业面源污染治理支付意愿的因素主要有性别，年龄，受教育程度，家庭收入，农业面源污染现状估计，化肥危害程度认知，农药危害程度认知，农业面源污染治理的生态效益认知、健康效益认知和补偿政策认知，手机联系人数，借钱人数，对当地政府的信任程度。

7.4.2　基于农户受偿意愿与城镇居民支付意愿双视角的联合分析

根据研究区域的城镇人口数，结合城镇居民支付意愿数据，可以测得在 AK 市和 HZ 市进行农业面源污染治理时，化肥、农药施用量恢复到世界平均水平的补偿上限分别为 2.50 亿元和 2.33 亿元，总计 4.83 亿元；化肥和农药施用量恢复到有机生产水平的补偿上限分别为 3.90 亿元和 3.65 亿元，总计 7.55 亿元。

结合第六章测算结果，对比农户受偿意愿视角和城镇居民支付意愿视角的补偿测算结果可知，基于城镇居民支付意愿视角测算出的农业面源污染治理生态价值远高于基于农户受偿意愿视角测算的农业面源污染治理成本，这进一步说明了进行农业面源污染治理具有巨大的正外部性，能够提高全社会的福利水平。相应的政策启示可表述如下：第一，农业面源污染治理生态补偿政策在经济上具有可行性，其能够显著提高全社会的福利水平；第二，合理的农业面源污染治理生态补偿标准，应介于农户受偿意愿与城镇居民支付意愿之间，具体补偿标准的制定应综合考虑补偿的公平性原则和效率原则，并结合政府财政资金的支付能力，具体情况具体实施。

第八章　基于农民选择偏好的生态补偿方式设计

农民是农业面源污染治理的主要执行者，其对生态补偿政策的响应程度是污染治理效果和生态补偿效率的主要影响因素。补偿方式是生态补偿政策“落地”的表现，农民对补偿方式的响应程度直接决定着补偿政策的效果。分析农民对农业面源污染治理生态补偿的选择偏好，有助于有针对性地提高其对农业面源污染治理生态补偿政策的参与率和参与程度。因此，本章将与农业面源污染治理的源头控制技术相适应的四种补偿方式归类为造血式补偿和输血式补偿，通过情境设计获取农民对四种补偿方式的选择数据，然后运用多变量 Probit 模型分析农民对补偿方式的选择偏好及决策机制，以期为农业面源污染治理生态补偿政策中补偿方式政策集的设计提供可靠参考。

8.1　研究背景

农民是农业经营和农业面源污染治理的主体。围绕如何提高农民参与生态补偿政策的积极性，学术界展开了诸多研究，主要集中在分析农民参与意愿（马爱慧、张安录，2013；何可等，2013；蔡银莺、余亮亮，2014）和测算合理补偿标准（谭秋成，2012；韩洪云、喻永红，2014）等方面，但对于补偿真正“落地”所依赖的补偿方式的关注明显不够。生态补偿方式决定着补偿金将以何种方式到达农民手中。在农业面源污染治理生态补偿政策实施的过程中，如果补偿方式与农民偏好错位，将直接影响农民参与污染治理的程度，导致补偿政策的低效乃至无效。

根据政策靶向与作用效果，本书将适用于农业面源污染治理的生态补偿方式分为两大类——输血式补偿和造血式补偿，前者主要包括资金补偿和实物补偿，后者主要包括技术补偿和项目补偿。实践中，考虑到交易成本和操作的便利性，政府主导的生态补偿往往以输血式补偿为主（杨新荣，2014），这种直接将补偿金或实物发放到生态保护者手中的方式往往存在持续性不强（俞海、任勇，2007）、补偿标准普遍偏低（李玉新等，2014）和无法防范道德风险（胡振通等，2016）等问题，因此受到诸多学者的质疑。相对而言，造血式补偿因能够提高区域自我发展能力和环境保护者持续创收能力而得到国内外众多学者的认同。例如，Anderson 和 Leal（2000）所著的《环境资本运营——经济效益与生态效益的统一》一书阐述了 20 世纪初环保企业家是如何通过休闲农业、生态旅游、环境友好型房地产等造血式补偿方式实现环境保护与创造利润的双重目标的；秦艳红和康慕谊（2007）、李文华和刘某承（2010）等学者均认为造血式补偿是从根本上解决生态保护与经济发展矛盾的有效手段。

本章要解决的关键问题是：如何衡量农民对农业面源污染治理不同补偿方式的偏好？根据不同的偏好，如何设计农业面源污染治理生态补偿方式，以输血式补偿为主还是造血式补偿为主？什么样的补偿方式政策集更契合农民的选择偏好？考虑到“一篮子”生态补偿方式政策集可能是多项补偿方式的有机搭配，本章运用多变量 Probit 模型分析了农民对输血式补偿和造血式补偿四种具体生态补偿方式的选择偏好及其影响因素。厘清这些关键问题，将有助于构建符合农民价值认同与利益诉求的补偿政策篮子，进而实现环境保护和农业可持续发展的双重目标。

8.2 农民生态补偿方式偏好的理论分析框架

8.2.1 不同生态补偿方式的界定

输血式补偿和造血式补偿在政策靶向和作用效果上具有显著区别。具体而言，输血式补偿是直接将补偿金或实物发放到生态保护者手中，补偿其因生态环境保护行为丧失的机会成本，旨在保障生态保护者的基本生计，因而其具有见效快、风险小和短期补偿效果显著等优点。然而，输血式补偿存在以下两个方面的不足：一是补偿方式不能与经济系统有机结合，因而其不具有可持续性，一旦补偿项目结束，失去稳定收益的补偿客体往往重返以前高污染高消耗的生产模式；二是该补偿方式并不能提高补偿客体的再生产能力，反而容易形成补偿依赖，造成客体的“懒汉行为”。造血式补偿主要是通过技术培训或者项目投资、产业扶持等方式培养受偿方的再生产能力，其目标是增强受偿方的自我发展意识与能力。该方式的优点在于补偿具有可持续性，能够提高补偿客体的持续创收能力，有利于提高生态-社会经济系统的协调性，但同时还存在补偿见效慢、周期长、前期投入大且收益不稳定等诸多缺点。

8.2.2 实践中生态补偿方式概述

根据实践经验，学者们对当前政府主导的输血式补偿褒贬不一。例如，杨新荣（2014）认为输血式补偿具有直接有效的优点，是最重要、最容易执行的补偿方式；杨欣和蔡银莺（2012）的研究发现农民对输血式农田生态补偿形成了路径依赖，并且有49.02%的农民认为补偿金额太低，同时有94.65%的受访者期望更高额度的现金补偿；俞海和任勇（2007）分析了流域输血式补偿方式的适用性，认为存在补偿方式单一、不易操作、不灵活的缺点，提出应大力发展环境友好型工业、生态旅游、绿色农业等进行造血式补偿。

近年来，越来越多的学者认为造血式补偿应成为重要的补偿方式。例如，孟浩等（2012）指出造血式补偿是从根本上解决水源地生态环境保护问题的关键所在；赵旭和王桃（2014）则认为造血式补偿是解决补偿资金需求缺口大以及补偿额度难以量化等问题的关键；王雅敬等（2016）讨论了公益林保护区农民对生态补偿的接受意愿和对补偿方式的偏好，建议用造血式补偿增强林农的自我发展意识及能力，实现林业社区经济、社会、生态的可持续发展。综合来看，学者们大多认为应构建以造血式补偿为主、输血式补偿为辅的生态补偿政策篮子（秦艳红、康慕谊，2007；王雅敬等，2016），尤其要注意投资和扶持绿色经济产业，着重建立区域自我发展机制和培养可持续发展能力（徐永田，2011）。然而，已有关于生态补偿方式的研究大多集中在理论分析层面，缺乏对于补偿方式的实证分析，尤其忽略了受偿者对补偿方式的选择偏好和响应。

实践中生态补偿方式主要涉及四种：资金补偿、实物补偿、技术补偿和项目补偿。其中，前两者属于传统的输血式补偿，而后两者则因与农民的再生产能力挂钩而属于造血式补偿。具体而言，资金补偿主要通过补偿金和减免税收等方式展开，是最常用、最直接和见效最快的补偿方式，其缺点是一旦补偿金不到位或者项目结束，农民可能因收入没有保障而回到以前高污染高消耗的生产模式。实物补偿运用粮食、种子、生物农药甚至房屋等物资，补偿农民因实施环境保护行为而带来的经济损失，对于保障农民生活水平和生产能力具有重要作用，但这些物资可能并不是农民生产生活所需要的，因而容易造成资源浪费和补偿政策的低效性。技术补偿向农民提供绿色生产技术指导和相关技术咨询服务，能够提高农民的生产能力，具有“增产增效”的效果，但该补偿方式存在学习周期长、技术见效慢等缺点。项目补偿主要通过政策扶持、项目投资等方式大力发展环保产业、新能源产业，以带动就业和促进区域经济发展，其缺点在于补偿项目往往是自上而下推进实施的，忽视了农民的利益诉求，使农民难以参与其中。

8.3 农民对生态补偿方式偏好的实证分析

8.3.1 变量选择及样本数据统计特征

本章所用实证数据为第三章所分析的农村居民调研数据，删除无效数据后剩余有效样本 631 个。

8.3.1.1 因变量

本章因变量是农民对四种生态补偿方式的选择偏好，问题的具体情境是“在农业生产过程中，若政府鼓励您完全不用化肥、农药，改用有机肥、生物农药和除虫灯等绿色生产物资，对于可能造成的经济损失，您希望政府以哪一种或哪几种方式进行补偿?”答案是“A = 资金；B = 有机肥、生物农药等生产物资；C = 农业生产技术培训；D = 政府在本区域投资建设环保型产业”，上述选项分别对应资金补偿、实物补偿、技术补偿和项目补偿，其中农民可以选择其中一种或多种生态补偿方式。

就单一生态补偿方式而言，在631个样本农户中，选择资金补偿的农户有414户，选择实物补偿的农户有330户，选择技术补偿的农户有273户，选择项目补偿的农户有108户，占比依次为65.61%、52.30%、43.26%和17.12%，具体统计结果如图8-1所示。

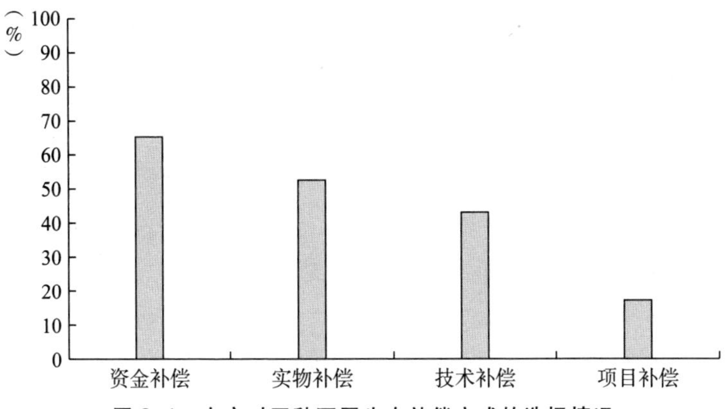

图8-1　农户对四种不同生态补偿方式的选择情况

对上述补偿方式选择数据进一步汇总可知，在所有样本农户中，有267户农户只选择输血式补偿，70户农户只选择造血式补偿，252户农户两种都选，42户农户两种都不选，各类农户占总样本的比例如图8-2所示。其中，有519户农户至少选择了一种输血式补偿，比例为82.25%；有322户农户至少选择了一种造血式补偿，比例为51.03%。该统计结果表明，样本农户选择输血式补偿的概率显著大于选择造血式补偿的概率。

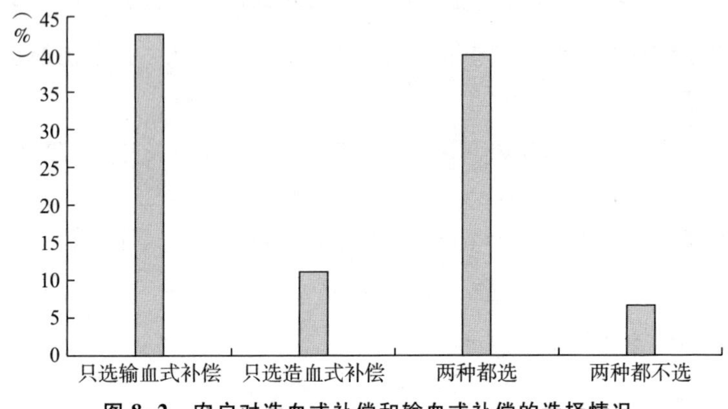

图 8-2　农户对造血式补偿和输血式补偿的选择情况

8.3.1.2　自变量

根据前文对农民生态补偿方式选择的理论分析，本章的核心自变量选择了受访者个体特征、家庭特征、农业经营特征、心理认知和政策环境，对各变量的描述如下。

个体特征：包括受访者的年龄、性别和受教育程度。

家庭特征：包括家庭收入、家庭抚养比和兼业化程度。这里用农民 2016 年家庭总收入来表示其家庭收入变量，具体包括农业收入、务工收入、资产收入和其他收入等。家庭抚养比是老人和孩子等非劳动力人数与劳动力人数之比。兼业化程度是农民在同时开展农业与非农业生产的过程中，非农收入占家庭总收入的比重（张忠明、钱文荣，2014）。参考已有学者们的研究（陈晓红，2006），可将非农收入占家庭总收入比重为［0，10%］的农民定义为纯农民，将非农收入占比为（10%，50%］的农民定义为一兼农民，将非农收入占比为（50%，100%］的农民定义为二兼农民。

农业经营特征：包括农田经营面积和对环境友好型技术采

纳程度。这里用2016年家庭实际耕种的面积来表示农地经营面积。研究区域农民正在推广的环境友好型生产技术主要有测土配方施肥、有机肥代替化肥、生物农药代替剧毒农药等，因此本研究用农民采用测土配方施肥、有机肥和生物农药的项数表示对环境友好型技术采纳程度。

心理认知：包括风险态度和耕地生态功能认知。风险态度是指个体在不确定情境中个体愿意承担风险的程度，表征个体对风险的喜恶程度（Slovic，1993）。这里用农民种植水稻时完全不使用化肥、农药造成的减产比例的估计值来测量其风险态度。调研组对研究区域有机水稻（完全不用传统化肥和农药）的生产情况进行了走访调查，发现不使用化肥、农药时水稻减产比例为40%~60%。根据这一现象，当农民估计减产比例为[0，40%）时将其定义为风险偏好型，估计减产比例为[40%，60%]时将其定义为风险中立型，估计减产比例为（60%，100%]时则将其定义为风险规避型。对于耕地生态功能认知变量，本章选取“您认为耕地是否具有涵养水源、水土保持、保护生物多样性等生态功能?”来测度农民的耕地生态功能认知水平。

政策环境：包括对农业面源污染治理政策了解程度和对生态补偿政策了解程度。这里选取“您是否听说过国家或者省市级政府关于农业污染综合防治（化肥、农药、农业废弃物控制）的政策措施?”和“您是否听说过退耕还林、退耕还草等生态补偿政策?”两个问题来分别测度农民对农业面源污染治理政策和生态补偿政策的了解程度。

各变量的统计特征如表8-1所示。

表 8-1 各变量描述性统计

指标	变量名称	变量含义及单位	均值	标准差
个体特征	性别	男=1；女=0	0.7120	0.4532
	年龄	实际周岁年龄	57.3813	10.2502
	受教育程度	受教育年限（年）	6.0759	3.7666
家庭特征	家庭收入	[0，2）=1；[2，4）=2；[4，6）=3；[6，8）=4；[8，10）=5；[10，+∞）=6（万元）	3.0775	1.6848
	家庭抚养比	家庭非劳动力人数与劳动力人数之比	0.3097	0.2443
	兼业化程度	纯农民=1；一兼农民=2；二兼农民=3	1.9051	0.8448
农业经营特征	农田经营面积	实际种植面积（亩）	4.1495	4.2757
	对环境友好型技术采纳程度	采用环境友好型技术的数量	0.5364	0.7288
心理认知	风险态度	风险偏好=1；风险中立=2；风险规避=3	2.1203	0.8225
	耕地生态功能认知	有生态功能=1；没有生态功能=0	0.4494	0.4978
政策环境	对农业面源污染治理政策了解程度	完全不知道=1；知道一点=2；大体知道=3；很清楚=4	1.7184	0.8989
	对生态补偿政策了解程度	完全不知道=1；知道一点=2；大体知道=3；很清楚=4	1.6899	0.9777

8.3.2 计量经济模型

考虑到农民可能会同时选择一种或几种生态补偿方式，本章拟采用多变量 Probit 模型来分析农民对生态补偿方式的选择偏好，该模型的优点在于不仅能够考察多项决策之间的相互关联，而且能分析行为主体同时作出多项决策的影响因素（Wolpert and Ickstadt, 1998; Baltas, 2004)。

假设农民 i 选择第 j 种生态补偿方式所获得的效用为 U_{ij},随机误差项为 ε_{ij},代表不可观测因素对农民效用的影响。根据随机效用理论,农民将选择能够实现自身福利最大化的补偿方式,基于此,农民生态补偿方式选择的多变量 Probit 模型可表示为:

$$U_{ij} = \alpha_j + \sum_k \beta_{jk} X_{jk} + \varepsilon_{ij} \tag{8-1}$$

$$Y_{ij} = \begin{cases} 1 & \text{if } U_{ij} \geqslant U_{in} \quad \forall j,n \in D, n \neq j \\ 0 & \text{if } U_{ij} < U_{in} \quad \forall j,n \in D, n \neq j \end{cases} \tag{8-2}$$

式(8-1)和式(8-2)中,j 可取 1,2,3,4,依次对应资金补偿、实物补偿、技术补偿和项目补偿。U_{ij} 为无法观测到的效用变量;X_{jk} 表示影响农民的生态补偿方式选择偏好的各项社会经济变量;β_{jk} 为相应的估计系数;Y_{ij} 为农民的选择结果,若农民选择第 j 项补偿方式的效用 U_{ij} 大于等于选择其他任意补偿方式的效用 U_{in},则 $Y_{ij}=1$,表示农民选择了该生态补偿方式。随机误差项 ε_{ij} 服从均值为 0、协方差为 Φ 的多元正态分布,即 $\varepsilon_{ij} = (\varepsilon_{i1}, \cdots, \varepsilon_{ij}) \sim MVN[0, \Phi]$,其中协方差矩阵 Φ 表示为:

$$\Phi = \begin{pmatrix} 1 & \rho_{12} & \rho_{13} & \rho_{14} \\ \rho_{21} & 1 & \rho_{23} & \rho_{24} \\ \rho_{31} & \rho_{32} & 1 & \rho_{34} \\ \rho_{41} & \rho_{42} & \rho_{43} & 1 \end{pmatrix} \tag{8-3}$$

式(8-3)中,非对角线上的 ρ 值代表 4 项生态补偿方式的 4 个效用方程的随机扰动项间无法观测的联系,其值不为 0 说明随机扰动项间具有某种联系,多变量 Probit 模型是适用的。若 ρ 值显著大于 0，说明农民选择不同生态补偿方式之间存在互补效应；若 ρ 值显著小于 0，说明农民选择不同生态补偿方式之间呈现替代效应。

8.3.3 模型结果及分析

本节利用 stata15.0 软件估计农民生态补偿方式选择的多变量 Probit 模型，回归方程的协方差矩阵见表 8-2。统计结果显示，模型的卡方值为 61.5866，在 1%的统计水平上通过了显著性检验，说明随机扰动项之间具有一定关联，这意味着农民选择不同生态补偿方式之间存在相互影响，进一步说明了采用多变量 Probit 模型分析农民的生态补偿方式选择偏好的合理性。

表 8-2 多变量 Probit 回归方程的协方差矩阵

	资金补偿	实物补偿	技术补偿	项目补偿
资金补偿	—	—	—	—
实物补偿	-0.0249 (0.0643)	—	—	—
技术补偿	-0.2355*** (0.0644)	0.2594*** (0.0595)	—	—
项目补偿	-0.2774*** (0.0839)	-0.3884*** (0.0746)	-0.0716 (0.0817)	—
LR test	$rho_{21}=rho_{31}=rho_{41}=rho_{32}=rho_{42}=rho_{43}=0$			
chi^2	chi^2 (6) = 61.5866			
Prob	0.0000			

注：*** 表示估计结果在 1%的水平上显著。

表 8-2 协方差矩阵显示，有 4 个协方差通过了显著性检验，其中实物补偿与技术补偿的协方差系数为正，表明农民选

择实物补偿与选择技术补偿之间存在显著互补效应，这一结果比较符合农民农业生产具体情况，实际上大部分农民对有机肥、生物农药和除虫灯等环境友好型生产物资并不了解，在使用的过程中农民需要相应的技术指导。资金补偿与技术补偿、项目补偿之间的协方差系数为负数，表明农民选择资金补偿与选择技术补偿、项目补偿之间存在显著的替代效应，说明选择资金补偿的农民，选择造血式补偿的概率较小；同理，偏好造血式补偿的农民选择资金补偿的概率也比较小。实物补偿与项目补偿之间的协方差系数为负数，表明农民选择实物补偿与选择项目补偿之间存在显著的替代效应，说明选择实物补偿的农民，选择项目补偿的可能性较小；反之，同理。上述结论进一步表明农民对输血式补偿和造血式补偿的偏好存在差异，生态补偿方式政策篮子的设计应充分考虑不同补偿方式的搭配。

表 8-3 显示了农民生态补偿方式选择的多变量 Probit 模型回归结果。模型的卡方值在 1%的统计水平上通过了显著性检验，模型的拟合度较好，说明所选自变量能够很好地解释因变量的变动情况。

表 8-3　农民生态补偿方式选择的多变量 Probit 模型回归结果

自变量	因变量			
	资金补偿	实物补偿	技术补偿	项目补偿
常数项	0.1465 (0.4693)	-0.7162 (0.4398)	-0.1362 (0.4458)	-2.1849*** (0.5812)
个体特征				
性别	-0.3830*** (0.1265)	-0.2180* (0.1157)	0.1591 (0.1186)	0.3628** (0.1651)
年龄	0.0062 (0.0059)	0.0248*** (0.0056)	-0.0042 (0.0055)	-0.0275*** (0.0073)

续表

自变量	因变量			
	资金补偿	实物补偿	技术补偿	项目补偿
受教育程度	-0.0075 (0.0162)	0.0187 (0.0152)	0.0507*** (0.0156)	0.0761*** (0.0232)
家庭特征				
家庭收入	0.0186 (0.0327)	-0.0558* (0.0310)	-0.0197 (0.0315)	0.1513*** (0.0419)
家庭抚养比	-0.2522 (0.2256)	-0.1005 (0.2143)	-0.1665 (0.2162)	-0.2557 (0.2926)
兼业化程度	0.2752*** (0.0688)	-0.0529 (0.0640)	-0.1256* (0.0655)	-0.1562* (0.0900)
农业经营特征				
农田经营面积	-0.0413*** (0.0125)	-0.0147 (0.0117)	-0.0221 (0.0145)	0.0372*** (0.0136)
对环境友好型技术采纳程度	-0.3002*** (0.0782)	0.0583 (0.0757)	0.2740*** (0.0776)	-0.1265 (0.0978)
心理认知				
风险态度	0.2525*** (0.0699)	0.0281 (0.0652)	-0.0833 (0.0676)	0.2013** (0.0900)
耕地生态功能认知	-0.2013* (0.1147)	0.0671 (0.1091)	0.5307*** (0.1100)	0.4417*** (0.1492)
环境政策				
对农业面源污染治理政策了解程度	-0.2542*** (0.0666)	-0.1741*** (0.0637)	-0.0530 (0.0649)	0.2275*** (0.0800)
对生态补偿政策了解程度	0.0418 (0.0610)	-0.0391 (0.0584)	0.0410 (0.0574)	0.3350*** (0.0736)
LR	-1335.3851			
Waldchi^2	Waldchi^2 (48) = 299.56			
Prob	0.0000			

注：括号中的数字为标准误；*、**、*** 分别表示估计结果在 10%、5%、1% 的水平上显著。

基于表8-3的统计结果，具体分析各变量对农民的补偿方式选择偏好的影响，结果如下。

（1）个体特征。①性别对农民选择资金补偿和实物补偿具有显著负向影响，对农民选择项目补偿具有显著正向影响。这表明，与女性相比，男性选择输血式补偿的概率更低，选择造血式补偿的概率更高。其原因在于：传统“男主外，女主内”的家庭模式会导致女性的行为决策倾向于保守，而男性的创新意识较强，对新技术和新政策的接受程度较高，同时，男性也比较看重家庭持续增收能力。②年龄对农民选择实物补偿具有显著正向影响，对农民选择项目补偿具有显著负向影响。这表明，年龄越大，农民选择输血式补偿的概率越高，选择造血式补偿的概率越低。其原因在于：一方面，农民年龄越大，接受新技术和新思想的能力越低，越倾向于选择收益稳定的输血式补偿；另一方面，年轻农民外出务工的机会较多，若投资环境友好型产业的项目补偿顺利实施，则其从造血式补偿中获得就业、提高收入的机会就比较多。③受教育程度对农民选择技术补偿和项目补偿均具有显著正向影响，这表明受教育程度越高，农民选择造血式补偿的概率越高。一般而言，教育经历能够提高个体的理解能力和接受能力，因而受教育程度高的农民更能理解造血式补偿具有能力培育和可持续优势。

（2）家庭特征。①家庭收入对农民选择实物补偿具有显著负向影响，对农民选择项目补偿具有显著正向影响。这表明家庭收入越高，农民选择输血式补偿的概率越低，选择造血式补偿的概率越高。对家庭收入高的农民来说，资金补偿和实物补偿的相对重要性有限，输血式补偿激励不强，而这部分农民更倾向于增强生产能力和持续创收能力，因而造血式补偿激励作用更为显著。②兼业化程度对农民选择资金补偿具有显著正向影响，对农民选择技术补偿和项目补偿具有显著负向影响。这表明兼业化程度高的农民更愿选择输血式补偿，而不愿选择造血式补偿。其原因在于：兼业化程度高的农民往往具有较为稳定的非农收入，其务农的机会成本较高，因而相对于需要投入较多时间的造血式补偿，农民更愿意选择具有“节劳”效果的输血式补偿。

（3）农业经营特征。①农田经营面积对农民选择资金补偿具有显著负向影响，对农民选择项目补偿具有显著正向影响。这表明，农田经营面积越大，农民越愿意选择造血式补偿，而非输血式补偿。其原因可能在于：农田经营面积大，意味着农民对农业收入的依赖程度高，因而农民可能担心输血式补偿不能弥补其经济损失而不愿选择该方式；就造血式补偿而言，农田经营面积越大，农民获得技术培训规模效益的可能性越高，因而其更愿意选择造血式补偿。②对环境友好型技术采纳程度对农民选择资金补偿具有显著负向影响，对农民选择技术补偿具有显著正向影响。这表明，采纳环境友好型技术越多，农民选择造血式补偿的概率越大，选择输血式补偿的概率越小。究其原因，采纳环境友好型技术越多，农民越能够理解技术培训“节劳增收”的作用，因而其更愿意接受造血式补偿。

（4）心理认知。①风险态度对农民选择资金补偿和项目补偿均具有显著的正向影响，这表明风险规避程度越高，农民越愿意选择输血式补偿和造血式补偿。该结论看起来似乎与常理相悖，但是考虑到研究区域的气候情况和国家投资力度，这一结论又有其合理性：一方面，研究区域经常发生干旱和病虫害等自然灾害，而资金补偿能够保证农民每年有固定收益，避免了因自然灾害造成颗粒无收的情况，在一定程度上降低了农业风险；另一方面，该研究区域属于国家重点扶持的生物多样性保护生态功能区，国家大力投资医院、道路等基础设施建设和扶持休闲农业、生态旅游等环保型产业发展。这些措施增加了农民的家庭收入，在此背景下，农民对国家投资为基础的项目补偿方式的收益预期大于其风险预期。②耕地生态功能认知对农民选择资金补偿具有显著负向影响，对农民选择技术补偿和项目补偿均具有显著正向影响。这表明，耕地生态功能认知程度高的农民更愿意选择造血式补偿，而不愿选择输血式补偿。究其原因在于：耕地生态功能认知程度高的农民对耕地生态价值的认识也更深刻，同时其更能理解耕地保护是一项长期工程，因而其更愿意选择具有长效性特点的造血式补偿。

（5）政策环境。①对农业面源污染治理政策了解程度对农民选择资金补偿和实物补偿具有显著负向影响，对农民选择项目补偿具有显著正向影响。这表明，对农业面源污染治理认知程度高的农民更愿意选择造血式补偿，而不愿意选择输血式补偿。产生这一现象的原因是，农民越了解农业面源污染治理政策，对农业面源污染隐蔽性、滞后性特征和治理需要长期坚持的特点也越清楚，因而其更愿意选择具有能力培育和可持续特征的造血式补偿。②对生态补偿政策了解程度对农民选择项目补偿具有显著正向影响，这表明农民对生态补偿政策了解程度越高，越愿意选择造血式补偿。其原因可能在于：农民越了解生态补偿政策，就越清楚生态保护需要长期坚持的特点，因而其更愿意选择与这一特点相契合的造血式补偿。

8.4 本章小结

设计契合农民偏好的生态补偿方式是保证农业面源污染治理效果和补偿效率的关键。本章基于效用最大化理论，采用多变量 Probit 模型，分析了陕西省 AK 和 HZ 两市 631 个农户对造血式补偿和输血式补偿的四种具体补偿方式的选择偏好及其影响因素，主要结论如下。

第一，农民选择输血式补偿的比例是 82.25%，选择造血式补偿的比例是 51.03%，前者显著高于后者，表明当前农民更偏好输血式补偿。

第二，农民选择资金补偿与选择技术补偿、项目补偿之间均存在替代关系，选择实物补偿与选择项目补偿之间存在替代关系，选择实物补偿与选择技术补偿之间存在互补关系。

第三，不同影响因素对农民的生态补偿方式选择偏好的影响存在差异。性别、年龄、家庭收入、兼业化程度、农田经营面积、对环境友好型技术采纳程度、风险态度、耕地生态功能认知、对农业面源污染治理政策了解程度对农民输血式补偿偏好具有显著影响。性别、年龄、受教育程度、家庭收入、兼业化程度、农田经营面积、对环境友好型技术采纳程度、风险态度、耕地生态功能认知、对农业面源污染治理政策了解程度和对生态补偿政策了解程度对农民造血式补偿偏好具有显著影响。

第九章　研究结论与讨论

耕地是人类赖以生存的基础，农业生态系统为人类提供了清洁的空气和水体、优美的自然景观、优质的农副产品等产品。近年来过量投入的化工产品导致农业面源污染日趋严重，使得农业生态系统服务品质逐渐下降。虽然国家采取了一定措施治理农业面源污染，但效果有限，主要原因在于污染治理具有准公共物品特征和隐蔽性、滞后性、不易监督等天然属性。针对此问题，作为一项环境保护利益相关者之间福利再分配的经济手段，生态补偿被认为是均衡农业面源污染治理利益相关者间的成本效益、激励农户进行保护性耕作的有效手段。本研究的核心问题是如何利用生态补偿政策解决农业面源污染治理难的困境，主要围绕两个问题展开研究：①为什么生态补偿能够解决农业面源污染治理难问题？②如何设计科学合理的农业面源污染治理生态补偿政策？

针对第一个问题，本研究首先从人类福利的视角出发，讨论农业面源污染治理生态补偿对农民、城镇居民乃至全社会福利的影响；其次，就农业面源污染治理利益相关者的福利进行博弈分析，最终结果是通过政府搭桥建立城乡居民间的生态补偿机制。针对第二个问题，在梳理生态补偿政策已有研究成果的基础上，本研究通过实证模型评估了符合城乡居民偏好的农业面源污染治理生态补偿标准和补偿方式，研究的实证数据来自对陕西省 AK 市和 HZ 市 1236 户城乡居民的实地调研，其中涉及的三个实证模型分别为农户参与农业面源污染治理的受偿意愿估计模型、城镇居民对农业面源污染治理的支付意愿估计模型和农户对生态补偿方式的选择偏好分析模型。

基于前文的理论分析和实证研究，本章对研究结论进行了系统性总结，并以此为基础提出了农业面源污染治理生态补偿政策设计与优化的建议，最后阐述了本研究的不足之处和可能的解决思路。

9.1 研究结论

9.1.1 农业面源污染治理生态补偿政策的设计与出台具备现实需求和群众基础

第三章主要梳理了我国农业面源污染现状、农业面源污染治理措施和生态补偿政策的发展实践以及研究区域农业面源污染现状。

从农户生产数据来看，农户在水稻种植过程中普遍存在过量施用化肥和农药的现象。调研数据显示，87.81%的农户存在过量施肥问题，且单位面积化肥施用量高达 30.50 千克/亩，超过最优施用量 14.78 千克/亩；60.45%的农户存在过量施用农药问题，且单位面积农药施用量高达 0.87 千克/亩，超过最优施用量 0.31 千克/亩。

从城乡居民对农业面源污染的认知及治理态度来看，第一，城乡居民普遍认为本地已发生农业面源污染，同时，对于农业面源污染治理的生态效益和健康效益两者均有较高的认可度；第二，城乡居民为农业面源污染治理出钱出力的意愿都比较强烈，城镇居民对农业面源污染治理的支付意愿均值为

532.15 元/（户·年），农户进行农业面源污染治理的受偿意愿均值为 477.78 元/（亩·年），且农户的受偿金额小于其参与农业面源污染治理的经济损失。该结论证实了农户对农业面源污染治理生态效益的认可及参与治理的积极性。

9.1.2 生态补偿能够均衡利益相关者福利水平，实现全社会福利最大化

第四章、第五章通过对比补偿前后农民、城镇居民及全社会福利的变动情况，凸显了生态补偿是进行农业面源污染治理、实现全社会福利最大化的必要手段。

第四章主要分析了农业面源污染治理对人类福利的影响和生态补偿过程中利益相关者的福利变动情况。这一章首先探讨了生态系统服务、农业面源污染治理与人类福利三者之间的逻辑关系，具体而言，生态系统服务是人类福利实现的载体，而农业面源污染治理能够增强生态系统服务功能，因而农业面源污染治理能够提高人类总福利。在分析农业面源污染治理难的根源在于利益相关者福利不均衡的基础上，又进一步剖析了生态补偿如何提高农业面源污染治理中农民、城镇居民乃至全社会福利水平，进一步凸显了生态补偿能够提高全社会福利水平的积极作用。

当前我国生态补偿机制不完善，如何设计科学合理的生态补偿政策来激励和引导经济主体的环境保护行为，是未来环境保护政策设计的关键。针对这一问题，第五章着重就农业面源污染治理利益相关者之间的成本效益关系和行为决策展开博弈分析，具体表现为对农民、城镇居民和政府分别展开双方博弈和三方博弈分析。

农民与城镇居民双方博弈的结果显示，两者直接博弈的占

优策略是“不治理，不补偿”；农民、城镇居民和政府三方博弈的结果显示，只有在政府的干预下，才能实现“治理，补偿”的最优策略集。农民、城镇居民和政府三方博弈的结论是合理的补偿金额和政府奖惩系数是农业面源污染治理最优策略达成的必要条件：对农民而言，补偿金额宜高不宜低，政府奖惩强度宜低不宜高；对城镇居民而言，补偿金额宜低不宜高，政府奖惩强度宜高不宜低。鉴于此，为推动农业面源污染治理生态补偿政策的顺利实施，政府必须充分考虑农民与城镇居民的成本效益关系和承受能力，合理设置补偿金额度和奖惩强度。

9.1.3 合理的生态补偿标准范围

第六章、第七章从城乡居民的成本效益和主观意愿出发，通过选择实验估计了农户参与农业面源污染治理的受偿意愿（WTA）和城镇居民对农业面源污染治理的支付意愿（WTP），并以此为基础进一步测算了农业面源污染治理生态补偿标准的下限和上限。

第六章首先通过数理模型证明了激励农户参与农业面源污染治理的最低补偿标准是农户参与治理的经济成本减去农户因环境改善获得的生态效益，然后通过选择实验的方法收集农户进行农业面源污染治理的受偿数据，并运用 RPL 模型分析获得农户进行农业面源污染治理的边际受偿意愿和总受偿意愿。其中，农户参与农业面源污染治理经济成本的核算依据是普通农户水稻生产数据和有机水稻基地的水稻生产数据。为测算基于农户受偿意愿视角的生态补偿标准下限，选择实验情境设计中强调生态补偿要扣除农户因环境改善获得的生态效益，具体情境问题为“假设政府通过给予一定经济补偿的方式鼓励您家在水稻种植过程中少用化肥、农药并进行农业废弃物回收，综合考虑污染治理给您家带来的生态效益、经济损失和补偿金额，您会选择以下哪个方案?”RPL 模型的实证结果显示：第一，补偿金对农户的补偿政策接受意愿具有显著激励作用；第二，农民对减施化肥和农药的边际受偿意愿分别是 1.50 元/（亩·年）和 0.89 元/（亩·年），因此，在完全不施用化肥、农药的有机生产情境下农户的受偿意愿是 239.00 元/（亩·年），据此估计研究区域所有水稻种植户补偿费用至少需 3.82 亿元。此外，补偿标准的合理性检验显示，基于农户受偿意愿测算的补偿标准远低于农户进行农业面源污染治理的机会成本和国家进行休耕政策的补偿标准，该结果不仅说明了本研究所提到的生态效益的存在，也证实了基于农户受偿意愿视角的补偿标准是农业面源污染治理生态补偿标准下限的观点。

第七章将城镇居民在农业面源污染治理中获得的生态系统服务增值估算为城镇居民对农业面源污染治理的支付意愿，目的是为农业面源污染治理补偿标准上限的制定提供参考。参考第六章基于农户受偿意愿视角选择实验的设计，城镇居民支付意愿选择实验的属性同样设计为化肥施用量、农药施用量、农业废弃物回收率和补偿金。RPL 模型的实证结果显示：①89.41%的城镇居民已经认识到农业面源污染的危害，并普遍愿意为其治理付费；②城镇居民对减施化肥和减施农药的边际支付意愿分别是 2.34 元/（户·年）和 5.42 元/（户·年），在完全不施用化肥和农药的情境下，城镇居民支付意愿是 776.00 元/（户·年），据此估计，整个研究区域将农业面源污染治理到有机生产水平城镇居民的补偿金总额可达 7.55 亿元。

对比基于农户受偿意愿视角的补偿标准下限与基于城镇居民支付意愿视角的补偿标准上限的测算结果，可进一步得到如下结论。

第一，就整个研究区域而言，农户受偿意愿数据远小于城镇居民支付意愿数据，说明农业面源污染治理生态补偿政策在经济上具有可行性，进一步表明了农业面源污染治理生态补偿能够均衡利益相关者的成本效益并显著提高全社会的福利水平。

第二，合理的农业面源污染治理生态补偿标准，应介于农户受偿意愿与城镇居民支付意愿之间，具体补偿标准的制定应综合考虑补偿的公平原则和效率原则，并结合政府财政能力，具体情况具体实施。

9.1.4 农户对生态补偿方式的偏好

第八章分析了农户对农业面源污染治理生态补偿方式的选择偏好，设计契合农户偏好的补偿方式是保障农业面源污染治理效果和补偿效率的关键。综观学术界的研究和实践中已实施的生态补偿政策，本研究将适用于农业面源污染治理的四种补偿方式归类为输血式补偿与造血式补偿。在通过情境设计获得农户对造血式补偿和输血式补偿的选择数据的基础上，基于效用最大化理论，采用多变量 Probit 模型，分析了陕西省 AK 和 HZ 两市 631 个农户对造血式补偿和输血式补偿的选择偏好及其影响因素，主要得出以下三点结论：第一，农户选择输血式补偿的比例是 82.25%，选择造血式补偿的比例是 51.03%，前者显著高于后者，这说明当前农户更偏好输血式补偿；第二，农户选择资金补偿与选择技术补偿、项目补偿之间均存在替代关系，选择实物补偿与选择项目补偿之间存在替代关系，选择实物补偿与选择技术补偿之间存在互补关系；第三，不同影响因素对农户的生态补偿方式选择偏好的影响存在差异。基于以上结论，本研究认为尽管众多学者普遍提倡造血式补偿，但应具体问题具体分析，需根据农户的利益诉求设计相应的补偿方式。

9.2　农业面源污染治理生态补偿政策的设计与优化

在农业面源污染日趋严重以及缺乏有效治污措施的现实背景下，国家应尽快针对农业面源污染治理出台系统化的生态补偿政策，从法律法规层面着手，搭建一个完善的农业面源污染治理生态补偿政策框架（明确补偿客体、制定合理的补偿标准、明确补偿方式以及监督补偿效果等），这对耕地保护和农村环境治理成效的提升具有重要意义。具体而言，制定完善的农业面源污染治理生态补偿政策需要遵循以下基本思路：以兼顾公平与效率、广泛考虑利益相关者的成本效益、综合考虑生态系统服务价值、假想市场与现实市场相结合、政府引导与市场取向相适应、高端规划与试点先行相统筹为基本原则，综合运用法律、经济、技术和行政手段，优化农业面源污染治理利益相关者之间的利益分配机制，以多样化补偿方式辅助补偿政策实施，统筹“三农”经济融合发展与保护生态环境两大任务，实现人与自然和谐发展。

9.2.1　测算补偿标准应充分体现农业生态系统服务的价值

正视并合理估计农业生态系统服务价值，保护农业资源及生态安全，是人类进行农业面源污染治理的根本内涵，也是政府制定农业面源污染治理生态补偿政策的重要依据。人类对农业生态系统服务价值的认知是不断变化的，全面认识农业生态系统服务的市场价值和非市场价值、当期价值和长期价值，是合理利用和保护农业资源的重要前提。当前我国生态系统服务价值评估体系并不健全，耕地保护政策的制定往往参考市场成本收益，这不仅会影响农业面源污染治理生态补偿政策的合理性，也会降低农业面源污染治理的效果。因此，设计农业面源污染治理生态补偿政策需要建立在充分体现和评估农业面源污染治理生态系统服务价值的基础上，将非市场化的农业面源污染治理生态系统服务增值部分纳入考虑范围，进而为相应的补偿政策制定提供全面的机制参考，明确政策制定的大方向及优先级。

9.2.2 从农户和城镇居民双重视角测算农业面源污染治理的补偿标准

在农业面源污染治理生态补偿政策运行的过程中，城镇居民是污染治理生态效益的主要消费者，也是生态补偿的出资者，可将其理解为农业面源污染治理这一产品的购买方；农户是农业面源污染治理的主要执行者，也是生态补偿的受偿方，可将其理解为农业面源污染治理这一产品的生产者；在此基础上，可进一步将政府制定农业面源污染治理生态补偿政策的过程理解为市场交易规范。通过市场制定合理的交易规范，对生产者和消费者的交易行为进行约束，必须考虑生产者的生产能力和消费者的购买偏好。换言之，农业面源污染治理生态补偿政策的制定过程中必须考虑农户对农业面源污染治理的参与意愿和受偿意愿以及城镇居民对农业面源污染治理水平的偏好和支付意愿。因此，将农户受偿意愿和城镇居民支付意愿纳入农业面源污染治理生态补偿政策设计环节，是提高城乡居民的参与率和保障农业面源污染治理生态补偿政策行之有效的必要手段。

农户受偿意愿分析得到如下政策启示。第一，鉴于补偿金对农户的农业面源污染治理参与意愿具有显著的激励作用，且基于农户受偿意愿视角的补偿标准既低于农业面源污染治理的机会成本，又低于国家休耕政策的机会成本，在制定农业面源污染治理生态补偿政策的过程中，一方面，应将农户意愿纳入补偿政策的设计环节，有助于降低补偿支出并提高补偿效率；另一方面，补偿标准测算应同时考虑农户参与治理的经济损失和因环境改善获得的生态效益。第二，考虑到农户的农业面源污染治理参与意愿不仅受个人及家庭禀赋的限制，还受其环保意识和政策环境约束的事实，在农业面源污染治理生态补偿政策落地的过程中，应积极借助各种现代媒体（如网络、卫星电视、广播等）对农户进行环保教育，提高农户参与农业面源污染治理的积极性。

城镇居民支付意愿分析得到如下政策启示。第一，鉴于大部分城镇居民已经认识到农业面源污染的危害，并普遍愿意为其治理付费的现实，在农业面源污染治理的过程中，应充分重视城镇居民的支付意愿，让城镇居民参与到农业面源污染治理和生态文明建设中来。第二，根据城镇居民对农业面源污染治理的支付意愿受其自身资本禀赋及环保意识影响的结论，本研究建议通过各种现代化媒体，大力宣传农业面源污染的危害及治理带来的生态效益和环境效益，提高城镇居民对农业面源污染现状的了解和重视程度，营造全民治污的社会氛围。

9.2.3　基于农户选择偏好设计生态方式政策集

根据农户对造血式补偿和输血式补偿的选择偏好结果及其影响因素，可得到如下政策启示。

第一，尽管众多学者倡导造血式补偿，但应具体问题具体分析。根据农户的利益诉求，现阶段其更偏好输血式补偿，因此生态补偿方式政策篮子仍应坚持以输血式补偿为主、造血补偿为辅的模式。

第二，构建农业面源污染治理生态补偿方式政策篮子，应注意不同补偿方式的搭配。例如，实物补偿应与技术补偿有机结合，即针对施用有机肥、生物农药，安装除虫灯等绿色生产模式推出配套技术培训；资金补偿尽量不与技术补偿、项目补偿放在一个政策篮子里，实物补偿尽量不与项目补偿放到同一个政策篮子中，以免发生政策排斥。

第三，为实现生态、经济、社会的可持续发展，在推广输血式补偿的过程中，可综合运用政策宣传、教育培训等方式强化农户对输血式补偿重要性和必要性的认识，提高其对造血式补偿的接受程度。同时，未来将输血式补偿转变为造血式补偿的过程中应遵循循序渐进的原则，并优先针对年轻、受教育程度高、兼业化程度低、农地经营面积大、对环境友好型技术采纳程度高、对耕地生态功能认知程度高和对农业面源污染治理政策了解程度高的男性农民推广造血式补偿，形成示范效应，从而带动辐射其他农户。

9.2.4 生态补偿政策的设计应充分考虑利益相关者的主观偏好

在我国传统的自上而下动员式环境治理政策体系下，农民和城镇居民等利益相关者缺乏表达其真实意愿的渠道和平台。针对现行政策制定过程中对社会公众主观偏好考虑不足的问题，本书建议完善公众参与渠道，具体可通过问卷调查、信息反馈、召开座谈会和听证会等方式征求城乡居民对农业面源污染治理生态补偿的意见和建议，将其对农业面源污染治理的需求和投资意愿纳入生态补偿政策的制定环节，从而提高社会公众的参与程度，据以制定考虑公众偏好、符合城乡居民利益诉求的生态补偿政策。

9.2.5 其他相关对策建议

9.2.5.1 设立农业面源污染治理生态补偿专项基金

农业面源污染治理生态补偿专项基金是为了保障农业面源污染治理效果和保护农业生态环境而设立的项目基金，其作用主要体现在保障补偿金来源和规范补偿金发放流程等方面。专项基金的直接出资者是广大社会群众，间接出资者主要是各级政府。具体的资金发放渠道主要包括三种：①政府间纵向财政转移支付，具体指中央政府在国家财政支撑下给予地方政府进行农业面源污染治理的补助性资金；②地区间横向财政转移支付，具体指毗邻或跨流域上下游的地方政府之间就农业面源污染治理生态系统服务的提供发生的支付行为，其本质是地区间的资金与生态系统服务的交换；③以市场交易为基础的农业面源污染治理相应生态系统服务的提供与购买，例如有机食品、农村旅游等。规范补偿专项基金使用的措施主要表现在：规范补偿金的发放流程，签订农业面源污染治理合同，明确生态补偿所要求的农民种植规范和农产品质量规范；按时足量发放补偿金，不得拖欠和抵扣；建立相应的奖惩机制，确保补偿与治理的对称性。

9.2.5.2 辅以文化教育和社会监督保障

良好的文化氛围有助于增强城乡居民环保意识，完善的监督体系可以保证农业面源污染治理的效果和补偿效率，因此，农业面源污染治理生态补偿政策的实施推广应配套相应的文化教育和社会监督保障。

具体而言，在加强文化教育方面，可行思路主要有两种。第一，强化农村人力资本：①加强对农民保护性耕作的专业技术培训，引导其主动采纳环保型农业生产行为，例如施用有机肥和高效低毒农药代替传统的化肥、农药；②持续开办农业面源污染治理专题培训班，分期培训农民、种田大户、农场经营者和村干部等，增强相关责任主体的环保意识与治污能力。第二，重视宣传教育和网络建设：①通过张贴有关农业面源污染治理生态补偿的漫画、宣言、规范等宣传手段，增强农民及其他利益相关者的生态维权意识，提高生态补偿公开度和透明度；②利用信息网络渠道，通报表扬积极从事农业面源污染治理的先进事例，公开曝光部分违规的污染行为和污染个体。

在社会监督保障方面的主要思路是：开通农业面源污染治理生态补偿投诉中心、举报热线等社会监督渠道。以此为基础，鼓励社会公众检举各种违反农业面源污染治理相关条例的个体和组织，以及生态补偿金管理不规范的基层组织，同时保护利益相关者与社会公众的知情权与监督权，建立全民性的农业面源污染治理生态补偿监督网络。

9.2.5.3 配套法律保障与管理体制

农业面源污染治理生态补偿政策的运行需要相应法律法规和配套管理体制的保驾护航。具体表现在两方面。①国家应加快制定专门针对农业面源污染治理及其生态补偿政策的法律法规，使农业面源污染治理有法可依，生态补偿利益相关者的权、责、利分配有章可循。科学制定农业面源污染治理生态补偿相关法律规范，既需要中央政府相关部门将其纳入国家顶层设计，将农业面源污染治理及其生态补偿写入国家规划，也需要地方政府部门配合制定相应的农业面源污染治理生态补偿细则。②加强农业面源污染治理生态补偿管理体制建设要以强化组织机构建设为基础，以治污效果和补偿效率考核为工作重点。换言之，从中央到地方的各级政府都应配套设立管理机构，形成保障农业面源污染治理生态补偿良性运行的管理体制；加强对各级管理机构业务的考核和监督，将农业面源污染治理及其生态补偿的阶段性目标纳入各级政府的年度计划，并按时考核，时时监督。

9.3　研究不足与展望

（1）作为设计和完善农业面源污染治理生态补偿政策的探索，本书选择了具有特殊生态地位的AK市和HZ市，而未选择具有普适性的粮食主产区作为研究区域。其原因在于，国家和公众对这类生态保护重点区域的生态安全要求较高，同时出于保护生态环境的目的，这些区域的经济发展受到了严格限制。从理论上而言，这些具有特殊生态地位的区域是生态补偿政策落地实施的首要目标。虽然本书研究结论存在一定的区域局限性，但该研究可为其他重点生态功能区和水源地的农业面源污染治理提供参考。

此外，为破解本研究推广的局限性，后续研究可以本研究为基础，综合比较不同区域、不同作物的研究结果，结合Meta分析或效益转移得到可供政策制定者参考的一般性补偿标准。

（2）书中基于农户受偿意愿视角的农业面源污染治理生态补偿标准是农户参与治理的经济成本和环境改善生态效益的

综合体，它不仅有利于提高补偿效率，符合社会支出最小化原则，还有助于破解农户环境保护积极性低和国家财政补偿金紧张的困境。然而，该补偿标准并没有考虑本区域农业面源污染治理给中下游地区带来的正外部性，忽略这一正外部性对本区域及其农户不公平。因此，建议在设计农业面源污染治理生态补偿标准时，可将本研究测算的补偿标准作为补偿的理论下限，在财政允许的基础上适当提高补偿标准，尤其是向贫困地区和贫困人口倾斜。

此外，考虑到当前农户分化已成为不争事实，面对资本禀赋和偏好各异的农户，需要制定差别化的补偿政策，从农户偏好异质性着手设计更符合现实的补偿标准，这也将成为未来补偿研究的必然趋势。

（3）选择实验因“假想市场”情境的设定而受到学术界的质疑。后期应通过扩大调研区域和样本量，特别是获取多区域多年连续调查的数据，以检测选择实验法的稳健性、异质性和有效性，加强选择实验法的说服力。

附录一　农户调查问卷

尊敬的农民朋友：

您好！

我们是西北农林科技大学经济管理学院的研究生，此次调查主题是您对农业污染问题的了解和对生态环境治理的支付意愿和受偿意愿。您的回答将被本研究机构使用，并为政府规划提供一定的政策参考。此次问卷是匿名进行的，请您在填写时不要有任何顾虑，感谢您的配合！

调查单位：西北农林科技大学　　问卷编号：

调研者：________　　时间：_____月_____日

调研地点：_____市_____县/区_____镇/乡_____村

一　农业生产情况（2016年）

说明：您家是否种水稻？若是，则进行调查

101 农业投入产出信息（2016年，只填与水稻轮作的作物）

作物名称	1. 水稻	2. ____	作物名称	1. 水稻	2. ____
种植面积（亩）			种子用量（斤；单价）		
产量（亩产）			农家肥（1=是；0=否）		

续表

作物名称		1. 水稻	2. ____	作物名称	1. 水稻	2. ____
出售价格（元/斤）				杀虫剂（元）		
出售（斤；金额）				除草剂（元）		
化肥	二铵（NPK：____）（____元；____kg）			租赁机器（亩数；每亩多少元）		
	尿素（NPK：____）（____元；____kg）			雇人（元；工时）		
	复合肥（NPK：____）（____元；____kg）			自家工时（天）		
	____（NPK：____）（____元；____kg）			灌溉（总水费）		

102 农业收入__________元，畜牧业收入__________元。（2016年卖出去的）

103 家中牲畜数量：牛______只，羊______只，猪______只，鸡鸭鹅共______只。

104 耕地情况

种了几亩	联产承包几亩	一等地面积	转入/每亩租金	转出/每亩租金	地块	最大/最小	撂荒

105 农业收入占家庭总收入的比重能有几成？请在相应的数字上打√。

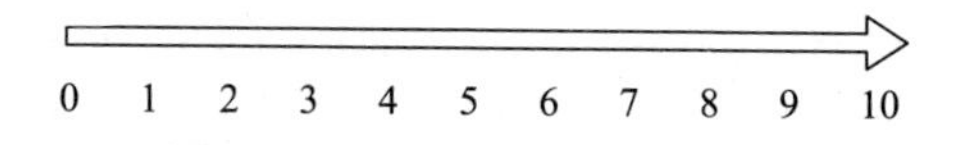

106 家庭大型农用机械（三轮及以上）______件，总价值

______元。（请折成现价，估计现在能卖多少钱）每年油费______元。

107 近三年，是否参加过有关化肥、农药施用的培训？1=是；0=否。若是，近三年参加的总次数：______次。

108 您平时去哪里买化肥和农药？

A. 本村销售点　　B. 镇上销售点　　C. 县城销售点

D. 推销商上门推广　E. 其他______

109 您一般如何决定购买的农药品种和数量？（多选）

A. 自己的经验　　B. 农户间交流　　C. 销售商推荐

D. 农机部门或者农技指导中心

110 请您评价一下自家农药使用量。

A. 严格按照说明书标准的规定

B. 比规定的多

C. 比规定的少

D. 用量随意，不清楚标准

111 你家打药方式是？A. 自己打　　B. 雇人

项目	1=是；0=否	项目	1=是；0=否
购买低毒高效农药		知道农药标准施用量和使用方式	
知道禁用农药品种		知道有生物和物理除虫方法	

112 请给下列说法打分。（1 表示完全不赞同；2 表示不太赞同；3 表示一般；4 表示比较赞同；5 表示完全赞同）

项目	1	2	3	4	5
知道农药的安全间隔期					
知道经常或大量使用农药会造成农药残留					
知道农药残留会损害人体健康					

续表

项目	1	2	3	4	5
知道农药流失会影响环境安全					
使用农药越多，效果越好					
为保护生态环境，我愿意减少农药使用量					
考虑到人们的健康，我愿意减少农药使用量					

113 估计你家种植水稻的时候，如果不施农药，以水稻为例，产量能打几成？______%

114 如何决定购买的化肥品种和数量？（多选）

A. 自己的经验　　B. 农户间交流　　C. 销售商推荐

D. 农机部门或者农技指导中心指导

115 请您评价一下自家化肥使用量。

A. 严格按照规定标准

B. 比规定的多

C. 比规定的少

D. 用量随意，不清楚标准

116 是否了解化肥主要成分______，是否了解化肥标准用量______（是=1；否=0）

117 请给下列说法打分。（1 表示完全不赞同；2 表示不太赞同；3 表示一般；4 表示比较赞同；5 完全赞同）

项目	1	2	3	4	5
施肥越多，产量越高					
过量施肥会造成土壤板结，地力下降					
化肥流失到环境中，会污染水体					
为保护生态环境，我愿意减少化肥使用量					
为保护生态环境，我愿意使用有机肥					

118 估计你家种植水稻的时候，如果不施化肥，以水稻为例，产量能打几成？______%

119 请您估计一下如果同时不施化肥和农药，以水稻为例，产量能打几成？______%

120 本地有没有推广以下有利于保护环境的技术或者产品？

	技术项	过去三年内是否采用过	本地是否推广	是否愿意采用	今年是否采用/实施	若是，实施的耕地面积（亩）
耕种环节	农田（机）深松					
	少耕、免耕					
施肥环节	农家肥					
	测土配方施肥					
打药环节	绿色/生物农药					
	统防统治					
农业废弃物处理环节	秸秆还田					
	农膜回收					

121 近五年化肥使用量有何变化？______农药呢？______（1=变多；2=不变；3=变少）

122 近三年是否遭遇自然灾害？______（1=是；0=否）若是，损失______元。

123 在日常农业生产中，为了保护生态环境是否存在以下行为：

（1）尽量减少农药的使用

A. 完全不符合　B. 比较不符合　C. 有点符合

D. 比较符合　E. 完全符合

(2) 尽量减少化肥的使用

A. 完全不符合　B. 比较不符合　C. 有点符合

D. 比较符合　E. 完全符合

(3) 尽量增加有机肥使用

A. 完全不符合　B. 比较不符合　C. 有点符合

D. 比较符合　E. 完全符合

(4) 秸秆回收或还田利用

A. 完全不符合　B. 比较不符合　C. 有点符合

D. 比较符合　E. 完全符合

(5) 畜禽粪便资源化处理（还田、沼气）

A. 完全不符合　B. 比较不符合　C. 有点符合

D. 比较符合　E. 完全符合

(6) 回收农膜、农药瓶等

A. 完全不符合　B. 比较不符合　C. 有点符合

D. 比较符合　E. 完全符合

二　耕地生态效益认知

201 耕地功能认知（1 表示完全不赞同；2 表示不太赞同；3 表示一般；4 表示比较赞同；5 表示完全赞同）

项目	1	2	3	4	5
耕地具有生产功能					
耕地具有生态功能（涵养水源、固碳等）					
耕地具有文化功能（提供优美风景等）					
耕地具有社会功能（提供就业等）					

202 您是否听说过“生态危机”“耕地污染”“湖泊富营养化”等概念？

A. 非常了解是怎么回事

B. 听说过这个概念，大体了解一些

C. 听说过，但不了解什么意思

D. 没有听说过

203 您是否听说过“生态补偿”“耕地生态补偿”（给保护生态环境、耕地的人以经济补偿）的概念？

A. 非常了解是怎么回事

B. 听说过这个概念，大体了解一些

C. 听说过，但不了解什么意思

D. 没有听说过

204 您认为耕地利用会给生态环境带来哪些不利影响？请在相应的□里打√。

影响来源	污染表现形式
化肥过量投入	□污染地表水，引起水体富营养化 □土壤板结，降低土壤肥力 □挥发物污染大气 □降低农产品品质
农药过量投入	□有害物质残留，造成土壤污染 □杀死田间益虫鸟兽，降低生物多样性 □导致水体有毒物质超标 □残留危害人体健康
农业废弃物（秸秆，农膜，农药瓶）	□秸秆焚烧污染空气 □丢弃水边腐烂后导致水体污染 □堆在河边路边，破坏乡村景色 □混入土壤中，破坏耕地质量

205 请您为本县的耕地生态环境质量（环境污染、耕地质量、生态系统平衡等）打分，在相应数字上打√。

（0 分表示非常差，危及生存；10 分表示非常好，无任何威胁）

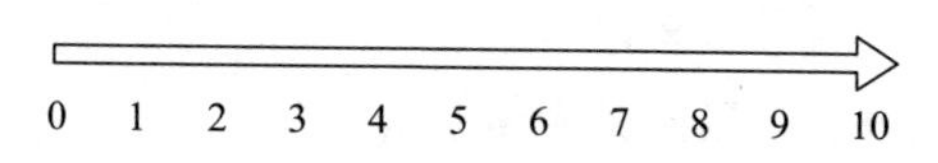

206 请给下列说法打分，在相应的数字下打√。

（1 表示完全不赞同；2 表示不太赞同；3 表示一般；4 表示比较赞同；5 表示完全赞同）

项目	1	2	3	4	5
本县受到了化肥、农药和农业废弃物的污染					
减少化肥、农药能够保护生态环境					
减少化肥、农药能降低居民疾病发生率					
你有能力学习绿色新型农业技术					
你有能力减轻耕地利用中的污染					
你身边的人都很重视生态环境问题					
政府鼓励村民减轻耕地利用中的污染					
街坊邻居支持你减轻耕地利用中的污染					
家人会支持你减轻耕地利用中的污染					
你愿意使用绿色新型农业技术					
你有责任保护耕地					
你愿意为防治农业地面源污染出钱					
你愿意为防治农业面源污染出力					

207 近五年，您感觉本地农田生态环境（水质、土质和产品品质等）是否有变化？

A. 变好　　　B. 变坏　　　C. 没啥变化

三　农业面源污染治理的经济价值（WTP）

301 化肥、农药的大量施用，在提高产量的同时伴随着环境污染问题。农业生产的负外部性主要体现在食品安全和环境污染等方面。毒豇豆、毒大米事件与农药、化肥过量投入有关；此外，水体富营养化、土壤板结和肥力下降、大气污染等问题都与农业污染息息相关。假设治理农业面源污染，以水稻为例，采用新型农业生产技术，例如测土配方施肥、秸秆还田、推广生物农药和安装除虫灯等安全措施。安全的农业生产模式通过提高环境安全程度，提高全社会福利水平。那么，现假设全县推广安全生产模式，您家每年愿意支付多少钱支持农业面源污染治理？

注意：支付并不是被调查者直接付钱，而是间接支付，即政府给执行安全生产模式的农户一定的补贴，导致政府公共支付增加，进一步导致税收和物价的波动，在此基础上导致生活成本的上升。

农业面源污染治理价值评估指标

评估指标	指标含义	指标等级
化肥施用量	目前我国化肥施用量是世界平均水平的 3.7 倍，是国际公认安全上限的 1.93 倍。化肥过量投入会导致一系列环境问题，例如：土壤酸碱化、植物营养吸收率下降、水体富营养化等	化肥施用量为现在的 25%（减少 75 个百分点，世界平均水平） 50%（减少 50 个百分点，国际公认上限） 75%（减少 25 个百分点） 100%（现状值）
农药施用量	我国农药单位面积化学农药用量已经是世界平均用量的 2.5 倍。过量农药投入会杀死田间昆虫鸟兽、污染土壤和水体，并对人体健康造成威胁	农药施用量为现在的 40%（减少 60 个百分点，世界平均水平） 70%（减少 30 个百分点，规划目标） 100%（现状值）

续表

评估指标	指标含义	指标等级
农业废弃物回收利用率	耕地利用过程中的农业废弃物主要包括秸秆、农药包装、地膜等。2016年统计数据显示，HZ市秸秆综合利用率为71%；AK市秸秆综合利用率和农地膜回收率分别为57.2%和12.8%。2020年目标，AK市目标秸秆综合利用率达85%以上，农膜回收率达80%以上。HZ市农作物秸秆还田率达到60%	65%（现状值） 75%（增加10个百分点） 85%（增加20个百分点，目标值）
家庭付费	0、100、150、200、250、300、350元	

第一次投票

评估指标	方案1（维持现状）	方案2（改善1）	方案3（改善2）
化肥施用量	维持现有水平（60千克/亩）	减少50%（30千克/亩）	维持现有水平（60千克/亩）
农药使用量	维持现有水平（1千克/亩）	维持现有水平（1千克/亩）	减少60%（0.4千克/亩）
农业废弃物回收率	维持现有水平（65%已回收）	增加20个百分点（达到85%）	维持现有水平（维持在65%）
您家愿意为此付费（每年）	0元	250元	200元
请投票			

第二次投票

评估指标	方案1（维持现状）	方案2（改善1）	方案3（改善2）
化肥施用量	维持现有水平（60千克/亩）	维持现有水平（60千克/亩）	减少75%（15千克/亩）
农药使用量	维持现有水平（1千克/亩）	减少60%（0.4千克/亩）	维持现有水平（1千克/亩）

续表

评估指标	方案 1（维持现状）	方案 2（改善 1）	方案 3（改善 2）
农业废弃物回收率	维持现有水平（65%已回收）	增加 20 个百分点（达到 85%）	维持现有水平（维持在 65%）
您家愿意为此付费（每年）	0 元	350 元	150 元
请投票			

第三次投票

评估指标	方案 1（维持现状）	方案 2（改善 1）	方案 3（改善 2）
化肥施用量	维持现有水平（60 千克/亩）	减少 75%（15 千克/亩）	减少 25%（45 千克/亩）
农药使用量	维持现有水平（1 千克/亩）	维持现有水平（1 千克/亩）	减少 30%（0.7 千克/亩）
农业废弃物回收率	维持现有水平（65%已回收）	增加 20 个百分点（达到 85%）	增加 10 个百分点（达到 75%）
您家愿意为此付费（每年）	0 元	150 元	350 元
请投票			

302 若到 2020 年本县化肥农药和农业废弃物回收利用实现以下情形：化肥施用量为现在的 25%，农药施用量为现在的 40%，农业废弃物回收利用率达到 85%。您家每年最多愿意为环境保护支付______元。

303 若两次都选择了方案 1（保持现状），原因是什么？（多选）

A. 污染不严重，没有必要治理

B. 对我家生活影响不大，我不关心

C. 经济原因，没钱

D. 担心白花钱，没效果

304 补偿认知（1 表示完全不赞同；2 表示不太赞同；3 表示一般；4 表示比较赞同；5 表示完全赞同）

补偿态度	1	2	3	4	5
如果确信钱能用于改善农业/农村生态环境，你愿意出钱					
如果政府增加税收专门用于改善生态环境，你同意增税					
政府应该对改善生态环境状况负责，但是最好不要我花钱					

四　生态补偿途径和政策选择

401 在耕地利用的过程中，若政府通过经济补偿的方式鼓励农户保护耕地生态系统。在保障农业收入的前提下，您是否愿意执行安全清洁生产模式（完全不用化肥，使用生物农药和除虫灯，秸秆还田、农药瓶和农膜回收）？（1=是；0=否）

402 为保护耕地生态环境不被破坏，若在您家土地上推广上述安全清洁生产模式，您觉得每年每亩应该获得多少补贴（元）？在相应选项下面打√。

□0　□20　□50　□100　□150　□200

□250　□300　□350　□400　□450　□500

□550　□600　□650　□更高（）

403 如果执行上述安全清洁生产模式，最期望什么途径的补偿？（最多选 3 个）

A. 资金补偿

B. 实物补偿（配方肥，绿色防控设备）

C. 技术培训

D. 项目补偿（建立安全农产品生产基地、创建安全农产

品品牌）

E. 促进当地环保型产业发展和再就业

404 假设政府建立生态基金，推广安全清洁生产模式，现要求您家水稻种植的过程中不用化肥、农药，但提供资金、实物和技术补贴，以下哪种方案您更愿意接受？

方案	属性
测土配方施肥、技术指导	化肥减少的变化是逐年发生的，到 2020 年实现以下目标： 提供配肥方案、无技术指导，化肥减少量 25%； 提供配肥方案、有技术指导，化肥减少量 50%； 提供配方肥、有技术指导，化肥减少量 75%； 施肥量 100%（现状）
绿色防控方式、技术指导	农药减少的变化是逐年发生的，到 2020 年实现以下目标： 安装除虫灯等设备，农药施用量减少 25%； 安装除虫灯等设备、提供技术指导，农药施用量减少 50%； 安装除虫灯等设备、提供生物农药和技术指导，农药施用量减少 75%； 农药使用量 100%（现状）
农业废弃物回收	全部分类回收（回收到专门的回收站）； 维持现状
减产损失补贴	0、150、200、300、400、500、600 元

第一次投票

<table>
<tr><th></th><th>方案 1</th><th>方案 2</th><th>方案 3</th></tr>
<tr><td>减少化肥施用量</td><td>减少 50%</td><td>减少 50%</td><td rowspan="3">维持现状</td></tr>
<tr><td>减少农药使用量</td><td>减少 25%</td><td>减少 50%</td></tr>
<tr><td>农业废弃物回收率</td><td>全部分类回收</td><td>维持现状</td></tr>
<tr><td>绿色种植补贴（每年）</td><td>300 元</td><td>150 元</td><td>0 元</td></tr>
<tr><td>请投票</td><td></td><td></td><td></td></tr>
</table>

第二次投票

	方案 1	方案 2	方案 3
减少化肥施用量	减少 25%	减少 50%	维持现状
减少农药使用量	减少 50%	维持现状	
农业废弃物回收率	维持现状	全部分类回收	
绿色种植补贴（每年）	200 元	500 元	0 元
请投票			

第三次投票

	方案 1	方案 2	方案 3
减少化肥施用量	维持现状	减少 25%	维持现状
减少农药使用量	减少 50%	减少 50%	
农业废弃物回收率	维持现状	维持现状	
绿色种植补贴（每年）	400 元	600 元	0 元
请投票			

405 若一直选择方案 3（维持现状），原因主要是什么？（可多选）

A. 担心得不到补贴　　　　B. 担心补贴不能弥补损失
C. 污染不严重，无须治理　D. 保护耕地应该由政府做
E. 没有能力改变生产模式　F. 其他______

406 假设政府提倡执行上述安全清洁生产模式，要求是以村为单位参加，全村都要遵守安全清洁生产规范，考虑到安全清洁生产模式的环境保护效益，若无监督和惩罚，您是否愿意参加？（1=愿意；0=不愿意）

407 假设政府提倡执行上述安全清洁生产模式，要求是以村为单位参加，全村都要遵守安全清洁生产规范，考虑到安全清洁生产模式的环境保护效益，若有监督和惩罚（一旦被发

现违反安全农产品生产标准则取消当年补偿)，您是否愿意参加?(1=愿意；0=不愿意)

408 您认为为促进农户遵守上述生产规范，是否有必要在生产过程进行专门的监督?(1=是；0=否)

五　家庭基本特征（2016 年）

501 全家一共（）人，劳动力（）人，非农劳动力收入（）元，纯农劳动力（）人，填表者是否为户主（）。(1=是；0=否)

注意：家庭是指财政一体、生活一体的最小单位，不种地且无收入的学生、家庭主妇和老人只填前四项。

	性别(1=男；0=女)	年龄	健康状况	受教育年限	政治面貌	职业类型	有打工经历(1=是；0=否)	若有，什么职业?
①户主								
②填表者								

说明：每年打工收入__________元。

＊健康状况代码：1=非常健康；2=身体较好；3=体质一般；4=体质较差；5=常年患病。

＊政治面貌代码：1=党员；2=群众。

＊职业类型代码：1=完全农业；2=季节性外出打工；3=完全打工和正式工作；4=自营业；5=其他（指不能从事农业生产的老人、怀孕的妇女、上学的孩子等）。

＊打工代码：1=农业；2=自营业；3=工业（工厂和建筑)；4=服务业（服务员和销售等)；5=当兵。

502 近三年，年家庭总收入__________元。

503 您家离开农业是否能够生存？（　）

A. 完全不能　　B. 勉强生存

C. 可以维持现在生活水平　　D. 比现在好一点

E. 比现在好很多

504 过去三年您家是否发生过以下事件？（多选）

A. 盖新房　　B. 婚丧嫁娶

C. 子女上大学　　D. 患病或者做手术

E. 农业灾害

505 家庭风险评估：目前最担心的生计问题是？（多选）

A. 担心自己或者家里人生病　　B. 担心子女学费

C. 担心子女婚嫁　　D. 担心失去稳定收入

E. 担心老来没有保障　　F. 担心自然灾害

G. 担心社会和经济不稳定　　H. 担心农产品价格下跌

I. 其他______

506 你家宅基地面积______平方米，建设面积______平方米。

住房类型______（1=钢筋混凝土；2=砖瓦；3=砖木；土木；4=草房）

507 近三年，平均每年家庭支出：教育支出______元；医疗支出______元；人情支出______元；电话费和上网费______元；能源支出______元；食品支出______元。

508 家庭成员中有没有人参加任何保险（如医疗保险、养老保险）？（1=是；0=否）

509 家庭成员中是否有人患慢性病、大病以及残疾等视为健康状况差的疾病？（1=是；0=否）

510 家中 16 岁及以上成员的受教育年限如何？（自己算，不填）平均而言小于 6 年？（1=是；0=否）

511 户主受教育年限小于 9 年？（1=是；0=否）

512 家中做饭燃料主要是非清洁燃料（如秸秆、木柴、煤等）？（1=是；0=否）

513 家中住房为土坯或石头结构？（1=是；0=否）

514 家庭没有电视、洗衣机、冰箱、电脑等高价值电器？（1=是；0=否。如果有，有______个。）家庭没有汽车、电动车、摩托车作为交通工具？（1=是；0=否。如果有，有______个。）

515 你家到最近集市______公里，到最近城镇医院______公里，到最近小学______公里。

516 风险态度测量

情境 1：假设您现在参加一个投硬币的游戏，别人抛一枚硬币，请您从以下 5 个场景里面进行选择______

A. 无论抛出的硬币是正面还是反面，您将获得 5 元；

B. 如果抛出的硬币是正面，您将获得 4 元，反之获得 8 元；

C. 如果抛出的硬币是正面，您将获得 3 元，反之获得 11 元；

D. 如果抛出的硬币是正面，您将获得 2 元，反之获得 14 元；

E. 如果抛出的硬币是正面，您将获得 0 元，反之获得 20 元。

情境 2：假设您去市场上卖 100 斤水稻，请您从以下 5 个场景里面进行选择______

A. 您能够直接获得 150 元；

B. 您有一半的可能获得 135 元，有一半的可能获得 195 元；

C. 您有一半的可能获得 120 元，有一半的可能获得 360 元；

D. 您有一半的可能获得 60 元，有一半的可能获得 480 元；

E. 您有一半的可能获得 0 元，有一半的可能获得 600 元。

六 社会资本

601 手机上大概有______个联系人，常联系的有______个，亲戚朋友中，能借到钱（1000 元）的有______个。

602 根据自己与下列人员的沟通经验，在符合条件选项上打√。

信任对象	非常不信	比较不信任	一般	比较信任	非常相信
亲戚朋友					
邻里					
村干部					
陌生人					

603 你有本村村民的联系方式吗？

A. 几乎都有　B. 大概 80%　C. 一半

D. 20%　E. 几乎都没有

604 出远门，遇到急事，不在家时将家庭财产委托其他村民保管的放心程度如何？

A. 非常不放心　B. 非常放心　C. 一般

D. 比较放心　E. 非常放心

605 村里或村民需要做决定时，会请您出主意吗？

A. 几乎没有　B. 比较少　C. 一般

D. 比较多　E. 非常多

606 您觉得村里人对您的尊重程度如何？

A. 非常不尊重　B. 比较不尊重　C. 一般

D. 比较尊重　E. 非常尊重

607 您是否经常参与村里的集体活动？

A. 从不　B. 比较少　C. 一般

D. 比较多　　　　E. 非常多

608 您是否关注国家大事、社会新闻等？

A. 从不　　　　B. 比较少　　　　C. 一般

D. 比较多　　　　E. 非常多

609 所在村的风气如何？

A. 非常差　　　　B. 比较差　　　　C. 一般

D. 比较好　　　　E. 非常好

610 觉得您所在村的规章制度执行如何？

A. 非常差　　　　B. 比较差　　　　C. 一般

D. 比较好　　　　E. 非常好

611 村里贫富差距大吗？

A 非常大　　　　B 比较大　　　　C 一般

D 比较小　　　　E 非常小

612 你对现在的生活状态满意吗？

A. 非常满意　　　　B. 比较满意　　　　C. 一般

D. 有点不满意　　　　E. 非常不满意

613 关系较好亲友中，有在县城或城市里生活的吗？有在县以上城市当干部的吗？

A. 有　　　　B. 没有

614 家族人多势众______，家族有能人______（1=是；0=否）。

七　环境知识与态度

请给下列说法打分。（1 表示完全不赞同；2 表示不太赞同；3 表示一般/不清楚；4 表示比较赞同；5 表示完全赞同）

序号	项目	1	2	3	4	5
1	汽车/摩托车尾气对人体不会造成危害					
2	过量使用化肥、农药会导致环境破坏（重复）					
3	含磷的洗衣粉的使用不会造成水污染					
4	含氟冰箱的氟排放会破坏大气臭氧层					
5	雾霾/酸雨的形成与烧煤没有关系					
6	物种之间相互依存，一种物种的消失会产生连锁反应					
7	空气质量报告中，三级空气质量意味着比一级空气质量好					
8	单一品种的树林/庄稼更容易导致病虫害风险					
9	水体污染报告中，V（5）类水质意味着要比I（1）类好					
10	温室气体的排放增加会导致全球气候变暖					
11	目前世界人口总量正在接近地球能够承受的极限					
12	人类对于自然的破坏常常导致灾难性后果					
13	目前人类正在滥用和破坏生态环境					
14	动植物与人类有着一样的生存权					
15	自然界的自我平衡能力足够强，完全可以应付现代工业社会的冲击					
16	尽管人类有着特殊能力，但是仍然受自然环境/规律的支配					
17	所谓人类正在面临“环境危机”，是一种过分夸大的说法					
18	地球就像宇宙飞船只有很有限的空间和资源					

续表

序号	项目	1	2	3	4	5
19	自然界的平衡是很脆弱的，很容易被打乱					
20	如果一切按照目前工业发展状况继续我们很快将遭受严重的环境灾难					

附录二　12个农户WTA选择版本

假设政府建立生态基金，推广清洁安全生产模式，现要求您家种植水稻的过程中不用化肥、农药，但提供资金、实物和技术补贴，以下哪种方案您更愿意接受？

内容政策	属性
测土配方施肥、技术指导	化肥减少的变化是逐年发生的，到2020年实现以下目标： 提供配肥方案、无技术指导，化肥减少量25%； 提供配肥方案、有技术指导，化肥减少量50%； 提供配方肥、有技术指导，化肥减少量75%； 施肥量100%（现状）
绿色防控方式、技术指导	农药减少的变化是逐年发生的，到2020年实现以下目标： 安装除虫灯等设备，农药施用量减少25%； 安装除虫灯等设备、提供技术指导，农药施用量减少50%； 安装除虫灯等设备、提供生物农药和技术指导，农药施用量减少75%； 农药使用量100%（现状）
农业废弃物回收	全部分类回收（回收到专门的回收站）； 维持现状
减产损失补贴	0、150、200、300、400、500、600元

版本 1

第一次投票

	方案 1	方案 2	方案 3
减少化肥施用量	减少 50%	减少 50%	
减少农药使用量	减少 25%	减少 50%	维持现状
农业废弃物回收率	全部分类回收	维持现状	
绿色种植补贴（每年）	300 元	150 元	0 元
请投票			

第二次投票

	方案 1	方案 2	方案 3
减少化肥施用量	减少 25%	减少 50%	
减少农药使用量	减少 50%	维持现状	维持现状
农业废弃物回收率	维持现状	全部分类回收	
绿色种植补贴（每年）	200 元	500 元	0 元
请投票			

第三次投票

	方案 1	方案 2	方案 3
减少化肥施用量	维持现状	减少 25%	
减少农药使用量	减少 50%	减少 50%	维持现状
农业废弃物回收率	维持现状	维持现状	
绿色种植补贴（每年）	400 元	600 元	0 元
请投票			

版本 2

第一次投票

	方案 1	方案 2	方案 3
减少化肥施用量	减少 75%	减少 75%	维持现状
减少农药使用量	维持现状	减少 75%	
农业废弃物回收率	维持现状	维持现状	
绿色种植补贴（每年）	400 元	600 元	0 元
请投票			

第二次投票

	方案 1	方案 2	方案 3
减少化肥施用量	减少 50%	减少 75%	维持现状
减少农药使用量	维持现状	减少 75%	
农业废弃物回收率	维持现状	维持现状	
绿色种植补贴（每年）	200 元	400 元	0 元
请投票			

第三次投票

	方案 1	方案 2	方案 3
减少化肥施用量	减少 50%	减少 50%	维持现状
减少农药使用量	减少 50%	减少 75%	
农业废弃物回收率	维持现状	全部分类回收	
绿色种植补贴（每年）	300 元	600 元	0 元
请投票			

版本 3

第一次投票

<table>
<tr><th></th><th>方案 1</th><th>方案 2</th><th>方案 3</th></tr>
<tr><td>减少化肥施用量</td><td>维持现状</td><td>减少 75%</td><td rowspan="3">维持现状</td></tr>
<tr><td>减少农药使用量</td><td>减少 25%</td><td>维持现状</td></tr>
<tr><td>农业废弃物回收率</td><td>维持现状</td><td>维持现状</td></tr>
<tr><td>绿色种植补贴（每年）</td><td>200 元</td><td>300 元</td><td>0 元</td></tr>
<tr><td>请投票</td><td></td><td></td><td></td></tr>
</table>

第二次投票

<table>
<tr><th></th><th>方案 1</th><th>方案 2</th><th>方案 3</th></tr>
<tr><td>减少化肥施用量</td><td>减少 75%</td><td>减少 25%</td><td rowspan="3">维持现状</td></tr>
<tr><td>减少农药使用量</td><td>减少 50%</td><td>维持现状</td></tr>
<tr><td>农业废弃物回收率</td><td>全部分类回收</td><td>维持现状</td></tr>
<tr><td>绿色种植补贴（每年）</td><td>500 元</td><td>300 元</td><td>0 元</td></tr>
<tr><td>请投票</td><td></td><td></td><td></td></tr>
</table>

第三次投票

<table>
<tr><th></th><th>方案 1</th><th>方案 2</th><th>方案 3</th></tr>
<tr><td>减少化肥施用量</td><td>维持现状</td><td>减少 50%</td><td rowspan="3">维持现状</td></tr>
<tr><td>减少农药使用量</td><td>减少 75%</td><td>减少 50%</td></tr>
<tr><td>农业废弃物回收率</td><td>全部分类回收</td><td>全部分类回收</td></tr>
<tr><td>绿色种植补贴（每年）</td><td>400 元</td><td>200 元</td><td>0 元</td></tr>
<tr><td>请投票</td><td></td><td></td><td></td></tr>
</table>

版本 4

第一次投票

	方案 1	方案 2	方案 3
减少化肥施用量	减少 25%	减少 50%	
减少农药使用量	减少 25%	减少 25%	维持现状
农业废弃物回收率	全部分类回收	维持现状	
绿色种植补贴（每年）	150 元	300 元	0 元
请投票			

第二次投票

	方案 1	方案 2	方案 3
减少化肥施用量	维持现状	减少 25%	
减少农药使用量	减少 50%	减少 25%	维持现状
农业废弃物回收率	全部分类回收	全部分类回收	
绿色种植补贴（每年）	600 元	200 元	0 元
请投票			

第三次投票

	方案 1	方案 2	方案 3
减少化肥施用量	减少 75%	减少 50%	
减少农药使用量	维持现状	减少 25%	维持现状
农业废弃物回收率	全部分类回收	维持现状	
绿色种植补贴（每年）	300 元	500 元	0 元
请投票			

版本 5

第一次投票

	方案 1	方案 2	方案 3
减少化肥施用量	减少 75%	减少 75%	
减少农药使用量	维持现状	减少 50%	维持现状
农业废弃物回收率	全部分类回收	全部分类回收	
绿色种植补贴（每年）	200 元	400 元	0 元
请投票			

第二次投票

	方案 1	方案 2	方案 3
减少化肥施用量	减少 50%	维持现状	
减少农药使用量	减少 50%	减少 75%	维持现状
农业废弃物回收率	维持现状	全部分类回收	
绿色种植补贴（每年）	500 元	300 元	0 元
请投票			

第三次投票

	方案 1	方案 2	方案 3
减少化肥施用量	减少 25%	减少 50%	
减少农药使用量	减少 75%	减少 75%	维持现状
农业废弃物回收率	维持现状	维持现状	
绿色种植补贴（每年）	300 元	500 元	0 元
请投票			

版本 6

第一次投票

	方案 1	方案 2	方案 3
减少化肥施用量	维持现状	减少 25%	
减少农药使用量	减少 75%	减少 25%	维持现状
农业废弃物回收率	维持现状	维持现状	
绿色种植补贴（每年）	300 元	600 元	0 元
请投票			

第二次投票

	方案 1	方案 2	方案 3
减少化肥施用量	减少 50%	减少 25%	
减少农药使用量	减少 25%	减少 75%	维持现状
农业废弃物回收率	全部分类回收	维持现状	
绿色种植补贴（每年）	200 元	500 元	0 元
请投票			

第三次投票

	方案 1	方案 2	方案 3
减少化肥施用量	减少 75%	减少 50%	
减少农药使用量	减少 25%	减少 25%	维持现状
农业废弃物回收率	全部分类回收	维持现状	
绿色种植补贴（每年）	400 元	300 元	0 元
请投票			

版本7

第一次投票

	方案1	方案2	方案3
减少化肥施用量	减少50%	减少25%	维持现状
减少农药使用量	减少75%	维持现状	
农业废弃物回收率	维持现状	维持现状	
绿色种植补贴（每年）	500元	150元	0元
请投票			

第二次投票

	方案1	方案2	方案3
减少化肥施用量	减少50%	减少25%	维持现状
减少农药使用量	减少25%	减少75%	
农业废弃物回收率	全部分类回收	全部分类回收	
绿色种植补贴（每年）	200元	300元	0元
请投票			

第三次投票

	方案1	方案2	方案3
减少化肥施用量	减少25%	减少25%	维持现状
减少农药使用量	减少50%	减少25%	
农业废弃物回收率	维持现状	全部分类回收	
绿色种植补贴（每年）	300元	300元	0元
请投票			

版本 8

第一次投票

	方案 1	方案 2	方案 3
减少化肥施用量	减少 25%	减少 25%	维持现状
减少农药使用量	减少 25%	减少 50%	
农业废弃物回收率	全部分类回收	全部分类回收	
绿色种植补贴（每年）	300 元	300 元	0 元
请投票			

第二次投票

	方案 1	方案 2	方案 3
减少化肥施用量	减少 50%	维持现状	维持现状
减少农药使用量	减少 25%	减少 50%	
农业废弃物回收率	维持现状	全部分类回收	
绿色种植补贴（每年）	500 元	200 元	0 元
请投票			

第三次投票

	方案 1	方案 2	方案 3
减少化肥施用量	减少 25%	维持现状	维持现状
减少农药使用量	减少 75%	减少 25%	
农业废弃物回收率	全部分类回收	全部分类回收	
绿色种植补贴（每年）	200 元	150 元	0 元
请投票			

版本9

第一次投票

	方案1	方案2	方案3
减少化肥施用量	减少50%	减少50%	维持现状
减少农药使用量	减少50%	减少25%	
农业废弃物回收率	全部分类回收	维持现状	
绿色种植补贴（每年）	300元	200元	0元
请投票			

第二次投票

	方案1	方案2	方案3
减少化肥施用量	维持现状	减少50%	维持现状
减少农药使用量	减少25%	减少75%	
农业废弃物回收率	维持现状	维持现状	
绿色种植补贴（每年）	500元	600元	0元
请投票			

第三次投票

	方案1	方案2	方案3
减少化肥施用量	减少75%	维持现状	维持现状
减少农药使用量	减少50%	减少75%	
农业废弃物回收率	全部分类回收	维持现状	
绿色种植补贴（每年）	200元	600元	0元
请投票			

版本 10

第一次投票

	方案 1	方案 2	方案 3
减少化肥施用量	减少 25%	减少 50%	维持现状
减少农药使用量	减少 25%	减少 25%	
农业废弃物回收率	全部分类回收	维持现状	
绿色种植补贴（每年）	150 元	200 元	0 元
请投票			

第二次投票

	方案 1	方案 2	方案 3
减少化肥施用量	维持现状	减少 25%	维持现状
减少农药使用量	减少 50%	减少 25%	
农业废弃物回收率	全部分类回收	全部分类回收	
绿色种植补贴（每年）	300 元	200 元	0 元
请投票			

第三次投票

	方案 1	方案 2	方案 3
减少化肥施用量	维持现状	减少 50%	维持现状
减少农药使用量	减少 50%	减少 25%	
农业废弃物回收率	全部分类回收	维持现状	
绿色种植补贴（每年）	300 元	500 元	0 元
请投票			

版本11

第一次投票

	方案1	方案2	方案3
减少化肥施用量	减少75%	维持现状	维持现状
减少农药使用量	维持现状	减少75%	
农业废弃物回收率	全部分类回收	维持现状	
绿色种植补贴（每年）	150元	600元	0元
请投票			

第二次投票

	方案1	方案2	方案3
减少化肥施用量	减少50%	减少75%	维持现状
减少农药使用量	减少75%	减少25%	
农业废弃物回收率	全部分类回收	全部分类回收	
绿色种植补贴（每年）	400元	500元	0元
请投票			

第三次投票

	方案1	方案2	方案3
减少化肥施用量	减少75%	减少75%	维持现状
减少农药使用量	维持现状	减少75%	
农业废弃物回收率	全部分类回收	维持现状	
绿色种植补贴（每年）	150元	500元	0元
请投票			

版本 12

第一次投票

	方案 1	方案 2	方案 3
减少化肥施用量	减少 25%	减少 50%	维持现状
减少农药使用量	减少 50%	维持现状	
农业废弃物回收率	维持现状	维持现状	
绿色种植补贴（每年）	200 元	200 元	0 元
请投票			

第二次投票

	方案 1	方案 2	方案 3
减少化肥施用量	减少 75%	减少 75%	维持现状
减少农药使用量	维持现状	减少 50%	
农业废弃物回收率	维持现状	全部分类回收	
绿色种植补贴（每年）	150 元	400 元	0 元
请投票			

第三次投票

	方案 1	方案 2	方案 3
减少化肥施用量	减少 75%	减少 50%	维持现状
减少农药使用量	维持现状	减少 50%	
农业废弃物回收率	全部分类回收	维持现状	
绿色种植补贴（每年）	300 元	300 元	0 元
请投票			

附录三　城镇居民调查问卷

尊敬的朋友：

您好！我们是西北农林科技大学经济管理学院的研究生，此次调查主题是农业污染现状和治理意愿。您的回答将被本研究机构使用，并为政府规划提供一定的政策参考。此次问卷是匿名进行的，请您在填写时不要有任何顾虑，感谢您的配合！

调查单位：西北农林科技大学　　问卷编号：______

调研者：______　　时间：______月______日

调研地点：______市______县/区______镇

一　耕地生态效益认知

101 耕地功能认知（1 表示完全不赞同；2 表示不太赞同；3 表示一般；4 表示比较赞同；5 表示完全赞同）

项目	1	2	3	4	5
耕地具有生产功能					
耕地具有生态功能（涵养水源、固碳等）					
耕地具有文化功能（提供优美风景等）					
耕地具有社会功能（提供就业等）					

102 请您为本县的耕地生态环境质量（环境污染、耕地质

量、生态系统平衡等）打分，在相应数字上打√。

（0 分表示非常差，危及生存；10 分表示非常好，无任何威胁）

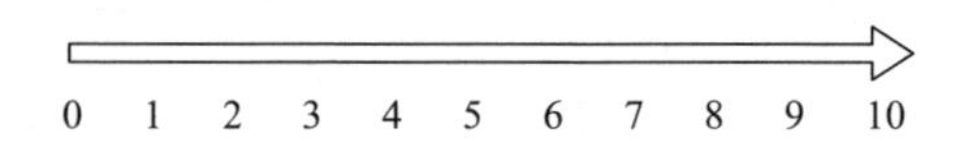

103 您是否听说过“生态危机”“耕地污染”“湖泊富营养化”等概念？

A. 非常了解是怎么回事

B. 听说过这个概念，大体了解一些

C. 听说过，但不了解什么意思

D. 没有听说过

104 您是否听说过“生态补偿”“耕地生态补偿”（给保护生态环境、耕地的人以经济补偿）的概念？

A. 非常了解是怎么回事

B. 听说过这个概念，大体了解一些

C. 听说过，但不了解什么意思

D. 没有听说过

105 您认为耕地利用会给生态环境带来哪些不利影响？请在相应的□里打√。

影响来源	污染表现形式
化肥过量投入	□污染地表水，引起水体富营养化 □土壤板结，降低土壤肥力 □挥发物污染大气 □降低农产品品质
农药过量投入	□有害物质残留，造成土壤污染 □杀死田间益虫鸟兽，降低生物多样性 □导致水体有毒物质超标 □挥发物污染空气 □农产品残留危害人体健康

续表

影响来源	污染表现形式
秸秆随意丢弃	□秸秆焚烧污染空气 □丢弃水边腐烂后导致水体污染 □堆在河边路边，破坏乡村景色

106 请给下列说法打分，在相应的数字下打√。

（1 表示完全不赞同；2 表示不太赞同；3 表示一般；4 表示比较赞同；5 表示完全赞同）

项目	1	2	3	4	5
过量使用化肥、农药会破坏环境					
过量使用化肥、农药造成食品安全问题					
本县耕地及生态环境受到了农业污染					
减少化肥、农药有利于保护生态环境					
减少化肥、农药的投入能降低疾病发生率					
新型农业技术能够减少耕地利用中的污染					
每个公民都有责任保护生态环境					
你愿意为保护生态环境出钱					
你愿意为保护生态环境出力					

107 近五年，您感觉本地农田生态环境（水质、土质和产品品质等）是否有变化？

A. 变好　　　　B. 变坏　　　　C. 没啥变化

108 您对当前的化肥、农药的使用和废弃物回收利用情况满意吗？

A. 满意　　　　B. 不满意　　　　C. 说不上

109 有机食品认知（1 表示完全不赞同；2 表示不太赞同；3 表示一般；4 表示比较赞同；5 表示完全赞同）

项目	1	2	3	4	5
我了解有机大米					
有机大米不使用化肥农药等化工产品					
有机大米对水、土壤等生产环境有严格要求					
有机大米是健康无污染的					
消费有机大米可以支持环保					
消费有机大米可以支持绿色农业发展					
有机食品的认证是可信的					
购买有机大米比较方便					
即使贵一些，也愿意购买有机大米					

二　农业面源污染治理的经济价值（WTP）

201 化肥、农药的大量施用，在提高产量的同时伴随着环境污染问题。农业生产的负外部性主要体现在食品安全和环境污染等方面。毒豇豆、毒大米事件与农药、化肥过量投入有关；此外，水体富营养化、土壤板结和肥力下降、大气污染等问题都与农业污染息息相关。假设治理农业面源污染，以水稻为例，采用新型农业生产技术，例如测土配方施肥、秸秆还田、推广生物农药和安装除虫灯等安全措施。安全的农业生产模式通过提高环境安全程度，提高全社会福利水平。那么，现假设全县推广安全生产模式，您家每年愿意支付多少钱支持农业面源污染治理?

注意：支付并不是被调查者直接付钱，而是间接支付，即政府给执行安全生产模式的农户一定的补贴，导致政府公共支付增加，进一步导致税收和物价的波动，在此基础上导致生活成本的上升。

评估指标	指标含义	指标等级
化肥施用量	目前我国化肥施用量是世界平均水平的3.7倍，是国际公认安全上限的1.93倍。化肥过量投入会导致一系列环境问题，例如：土壤酸碱化、植物营养吸收率下降、水体富营养化等	化肥施用量为现在的25%（减少75个百分点，世界平均水平） 50%（减少50个百分点，国际公认上限） 75%（减少25个百分点） 100%（现状值）
农药施用量	我国农药单位面积化学农药用量已经是世界平均用量的2.5倍。过量农药投入会杀死田间昆虫鸟兽、污染土壤和水体，并对人体健康造成威胁	农药施用量为现在的40%（减少60个百分点，世界平均水平） 70%（减少30个百分点，规划目标） 100%（现状值）
农业废弃物回收利用率	耕地利用过程中的农业废弃物主要包括秸秆、农药包装、地膜等。2016年统计数据显示，HZ市秸秆综合利用率为71%；AK市秸秆综合利用率和农地膜回收率分别为57.2%和12.8%。2020年目标，AK市目标秸秆综合利用率达85%以上，农膜回收率达80%以上。HZ市农作物秸秆还田率达到60%	65%（现状值） 75%（增加10个百分点） 85%（增加20个百分点，目标值）
家庭付费	0、100、150、200、250、300、350元	

第一次投票

评估指标	方案1 （维持现状）	方案2 （改善1）	方案3 （改善2）
化肥施用量	维持现有水平 （60千克/亩）	减少50% （30千克/亩）	维持现有水平 （60千克/亩）

续表

评估指标	方案 1（维持现状）	方案 2（改善 1）	方案 3（改善 2）
农药使用量	维持现有水平（1 千克/亩）	维持现有水平（1 千克/亩）	减少 60%（0.4 千克/亩）
农业废弃物回收率	维持现有水平（65%已回收）	增加 20 个百分点（达到 85%）	维持现有水平（维持在 65%）
您家愿意为此付费（每年）	0 元	250 元	200 元
请投票			

第二次投票

评估指标	方案 1（维持现状）	方案 2（改善 1）	方案 3（改善 2）
化肥施用量	维持现有水平（60 千克/亩）	维持现有水平（60 千克/亩）	减少 75%（15 千克/亩）
农药使用量	维持现有水平（1 千克/亩）	减少 60%（0.4 千克/亩）	维持现有水平（1 千克/亩）
农业废弃物回收率	维持现有水平（65%已回收）	增加 20 个百分点（达到 85%）	维持现有水平（维持在 65%）
您家愿意为此付费（每年）	0 元	350 元	150 元
请投票			

第三次投票

评估指标	方案 1（维持现状）	方案 2（改善 1）	方案 3（改善 2）
化肥施用量	维持现有水平（60 千克/亩）	减少 75%（15 千克/亩）	减少 25%（45 千克/亩）
农药使用量	维持现有水平（1 千克/亩）	维持现有水平（1 千克/亩）	减少 30%（0.7 千克/亩）

续表

评估指标	方案1（维持现状）	方案2（改善1）	方案3（改善2）
农业废弃物回收率	维持现有水平（65%已回收）	增加20个百分点（达到85%）	增加10个百分点（达到75%）
您家愿意为此付费（每年）	0元	150元	350元
请投票			

202 若到2020年本县化肥、农药和农业废弃物回收利用实现以下情形：化肥施用量为现在的25%，农药施用量为现在的40%，农业废弃物回收利用率达到85%。您家每年最多愿意为环境保护支付______元。

203 若三次都选择了方案1（保持现状），原因是什么？（多选）

A. 污染不严重，没有必要治理

B. 对我家生活影响不大，我不关心

C. 经济原因，没钱

D. 担心白花钱，没效果

三　家庭基本特征（2016年）

301 全家一共______人，有收入的______人，无收入的______人。

注意：家庭是指财政一体、生活一体的最小单位。无收入的学生、家庭主妇和老人等只填前三项。

	性别（1=男；0=女）	年龄	健康状况	受教育年限	政治面貌	正式工作（1=是；0=否）
户主						
填表者						

＊健康状况代码：1=非常健康；2=身体较好；3=体质一般；4=体质较差；5=常年患病。

＊政治面貌代码：1=党员；2=群众。

302 家庭年收入______万元。

303 家庭风险评估目前最担心的生计问题是？（多选）

A. 担心自己或者家里人生病

B. 担心子女学费

C. 担心子女婚嫁

D. 担心老来没有保障

E. 担心失去稳定收入

F. 担心社会和经济不稳定

304 过去三年您家是否发生过以下变化？（多选）

A. 买房（盖房）　　B. 婚丧嫁娶　　C. 子女上大学

D. 家人患病或者做手术　　E. 失业

305 家里有______处房产，住宅面积______平方米，价值______元。

306 近三年，平均每年家庭支出：教育支出______元；医疗支出______元；人情支出______元；电话费和上网费______元；能源支出______元；食品支出______元。

四　社会资本

401 手机有______个联系人，常联系的有______个，亲戚朋友中，能借到钱的有______个。

402 根据自己与下列人员的沟通经验，在符合条件选项上打√。

信任对象	非常不信	比较不信任	一般	比较信任	非常相信
亲戚朋友					
邻里					
政府干部					
陌生人					

403 出远门，遇到急事，不在家时将家庭财产委托邻居保管的放心程度如何？

A. 非常不放心　B. 非常放心　C. 一般

D. 比较放心　E. 非常放心

404 亲戚朋友需要做决定时，会请您出主意吗？

A. 几乎没有　B. 比较少　C. 一般

D. 比较多　E. 非常多

405 觉得周围对您的尊重程度如何？

A. 非常不尊重　B. 比较不尊重　C. 一般

D. 比较尊重　E. 非常尊重

406 是否经常参与集体活动？

A. 从不　B. 比较少　C. 一般

D. 比较多　E. 非常多

407 是否关注国家大事、社会新闻等？

A. 从不　B. 比较少　C. 一般

D. 比较多　E. 非常多

408 所在生活和工作环境风气如何？

A. 非常差　B. 比较差　C. 一般

D. 比较好　E. 非常好

409 觉得您所在生活和工作环境的规章制度执行如何？

A. 非常差　B. 比较差　C. 一般

D. 比较好　　　　　E. 非常好

410 与所在小圈子（单位或亲戚朋友）贫富差距大吗？

A. 非常大　　　　　B. 比较大　　　　　C. 一般

D. 比较小　　　　　E. 非常小

411 你对现在的生活状态满意吗？

A. 非常满意　　　　B. 比较满意　　　　C. 一般

D. 有点不满意　　　E. 非常不满意

412 亲戚朋友有在重要部门担任重要职务的吗？（俗称能人）______（1=是；0=否）

附录四　6个城镇居民WTP选择版本

化肥、农药的大量施用，在提高产量的同时伴随着环境污染问题。农业生产的负外部性主要体现在食品安全和环境污染等方面。毒豇豆、毒大米事件与农药、化肥过量投入有关；此外，水体富营养化、土壤板结和肥力下降、大气污染等问题都与农业污染息息相关。假设治理农业面源污染，以水稻为例，采用新型农业生产技术，例如测土配方施肥、秸秆还田、推广生物农药和安装除虫灯等安全措施。安全的农业生产模式通过提高环境安全程度，提高全社会福利水平。那么，现假设全县推广安全生产模式，您家每年愿意支付多少钱支持农业面源污染治理?

注意：支付并不是被调查者直接付钱，而是间接支付，即政府给执行安全生产模式的农户一定的补贴，导致政府公共支付增加，进一步导致税收和物价的波动，在此基础上导致生活成本的上升。

农业面源污染治理价值评估指标

评估指标	指标含义	指标等级
化肥施用量	目前我国化肥施用量是世界平均水平的3.7倍，是国际公认安全上限的1.93倍。化肥过量投入会导致一系列环境问题，例如：土壤酸碱化、植物营养吸收率下降、水体富营养化等	化肥施用量为现在的25%（减少75个百分点，世界平均水平） 50%（减少50个百分点，国际公认上限） 75%（减少25个百分点） 100%（现状值）

续表

评估指标	指标含义	指标等级
农药施用量	我国农药单位面积化学农药用量已经是世界平均用量的2.5倍。过量农药投入会杀死田间昆虫鸟兽、污染土壤和水体，并对人体健康造成威胁	农药施用量为现在的40%（减少60个百分点，世界平均水平） 70%（减少30个百分点，规划目标） 100%（现状值）
农业废弃物回收利用率	耕地利用过程中的农业废弃物主要包括秸秆、农药包装、地膜等。2016年统计数据显示，HZ市秸秆综合利用率为71%；AK市秸秆综合利用率和农地膜回收率分别为57.2%和12.8%。2020年目标，AK市目标秸秆综合利用率达85%以上，农膜回收率达80%以上。HZ市农作物秸秆还田率达到60%	65%（现状值） 75%（增加10个百分点） 85%（增加20个百分点，目标值）
家庭付费	0、100、150、200、250、300、350元	

版本1

第一次投票

评估指标	方案1 （维持现状）	方案2 （改善1）	方案3 （改善2）
化肥施用量	维持现有水平 （60千克/亩）	减少50% （30千克/亩）	维持现有水平 （60千克/亩）
农药使用量	维持现有水平 （1千克/亩）	维持现有水平 （1千克/亩）	减少60% （0.4千克/亩）
农业废弃物回收率	维持现有水平 （65%已回收）	增加20个百分点 （达到85%）	维持现有水平 （维持在65%）
您家愿意为此付费（每年）	0元	250元	200元
请投票			

第二次投票

评估指标	方案1 （维持现状）	方案2 （改善1）	方案3 （改善2）
化肥施用量	维持现有水平 （60千克/亩）	维持现有水平 （60千克/亩）	减少75% （15千克/亩）
农药使用量	维持现有水平 （1千克/亩）	减少60% （0.4千克/亩）	维持现有水平 （1千克/亩）
农业废弃物回收率	维持现有水平 （65%已回收）	增加20个百分点 （达到85%）	维持现有水平 （维持在65%）
您家愿意为此付费（每年）	0元	350元	150元
请投票			

第三次投票

评估指标	方案1 （维持现状）	方案2 （改善1）	方案3 （改善2）
化肥施用量	维持现有水平 （60千克/亩）	减少75% （15千克/亩）	减少25% （45千克/亩）
农药使用量	维持现有水平 （1千克/亩）	维持现有水平 （1千克/亩）	减少30% （0.7千克/亩）
农业废弃物回收率	维持现有水平 （65%已回收）	增加20个百分点 （达到85%）	增加10% （达到75%）
您家愿意为此付费（每年）	0元	150元	350元
请投票			

版本2

第一次投票

评估指标	方案1 （维持现状）	方案2 （改善1）	方案3 （改善2）
化肥施用量	维持现有水平 （60千克/亩）	减少50% （30千克/亩）	维持现有水平 （60千克/亩）

续表

评估指标	方案 1（维持现状）	方案 2（改善 1）	方案 3（改善 2）
农药使用量	维持现有水平（1 千克/亩）	减少 30%（0.7 千克/亩）	维持现有水平（1 千克/亩）
农业废弃物回收率	维持现有水平（65%已回收）	增加 10 个百分点（达到 75%）	增加 20 个百分点（达到 85%）
您家愿意为此付费（每年）	0 元	350 元	150 元
请投票			

第二次投票

评估指标	方案 1（维持现状）	方案 2（改善 1）	方案 3（改善 2）
化肥施用量	维持现有水平（60 千克/亩）	减少 75%（15 千克/亩）	减少 25%（45 千克/亩）
农药使用量	维持现有水平（1 千克/亩）	减少 30%（0.7 千克/亩）	减少 60%（0.4 千克/亩）
农业废弃物回收率	维持现有水平（65%已回收）	增加 10 个百分点（达到 75%）	维持现有水平（维持在 65%）
您家愿意为此付费（每年）	0 元	350 元	300 元
请投票			

第三次投票

评估指标	方案 1（维持现状）	方案 2（改善 1）	方案 3（改善 2）
化肥施用量	维持现有水平（60 千克/亩）	减少 25%（45 千克/亩）	减少 50%（30 千克/亩）
农药使用量	维持现有水平（1 千克/亩）	减少 60%（0.4 千克/亩）	维持现有水平（1 千克/亩）

续表

评估指标	方案1 （维持现状）	方案2 （改善1）	方案3 （改善2）
农业废弃物回收率	维持现有水平 （65%已回收）	增加20个百分点 （达到85%）	维持现有水平 （维持在65%）
您家愿意为此付费 （每年）	0元	300元	200元
请投票			

版本3

第一次投票

评估指标	方案1 （维持现状）	方案2 （改善1）	方案3 （改善2）
化肥施用量	维持现有水平 （60千克/亩）	减少50% （30千克/亩）	维持现有水平 （60千克/亩）
农药使用量	维持现有水平 （1千克/亩）	减少60% （0.4千克/亩）	减少30% （0.7千克/亩）
农业废弃物回收率	维持现有水平 （65%已回收）	维持现有水平 （维持在65%）	增加10个百分点 （达到75%）
您家愿意为此付费 （每年）	0元	350元	100元
请投票			

第二次投票

评估指标	方案1 （维持现状）	方案2 （改善1）	方案3 （改善2）
化肥施用量	维持现有水平 （60千克/亩）	维持现有水平 （60千克/亩）	减少75% （15千克/亩）
农药使用量	维持现有水平 （1千克/亩）	减少30% （0.7千克/亩）	减少60% （0.4千克/亩）
农业废弃物回收率	维持现有水平 （65%已回收）	维持现有水平 （维持在65%）	增加10个百分点 （达到75%）

续表

评估指标	方案 1 （维持现状）	方案 2 （改善 1）	方案 3 （改善 2）
您家愿意为此付费 （每年）	0 元	150 元	200 元
请投票			

第三次投票

评估指标	方案 1 （维持现状）	方案 2 （改善 1）	方案 3 （改善 2）
化肥施用量	维持现有水平 （60 千克/亩）	减少 75% （15 千克/亩）	减少 25% （45 千克/亩）
农药使用量	维持现有水平 （1 千克/亩）	减少 60% （0.4 千克/亩）	维持现有水平 （1 千克/亩）
农业废弃物回收率	维持现有水平 （65%已回收）	维持现有水平 （维持在 65%）	增加 20 个百分点 （达到 85%）
您家愿意为此付费 （每年）	0 元	250 元	250 元
请投票			

版本 4

第一次投票

评估指标	方案 1 （维持现状）	方案 2 （改善 1）	方案 3 （改善 2）
化肥施用量	维持现有水平 （60 千克/亩）	维持现有水平 （60 千克/亩）	减少 75% （15 千克/亩）
农药使用量	维持现有水平 （1 千克/亩）	减少 60% （0.4 千克/亩）	减少 60% （0.4 千克/亩）
农业废弃物回收率	维持现有水平 （65%已回收）	增加 10 个百分点 （达到 75%）	增加 10 个百分点 （达到 75%）
您家愿意为此付费 （每年）	0 元	250 元	300 元
请投票			

第二次投票

评估指标	方案1 （维持现状）	方案2 （改善1）	方案3 （改善2）
化肥施用量	维持现有水平 （60千克/亩）	减少75% （15千克/亩）	减少50% （30千克/亩）
农药使用量	维持现有水平 （1千克/亩）	维持现有水平 （1千克/亩）	维持现有水平 （1千克/亩）
农业废弃物回收率	维持现有水平 （65%已回收）	增加10个百分点 （达到75%）	增加10个百分点 （达到75%）
您家愿意为此付费（每年）	0元	350元	250元
请投票			

第三次投票

评估指标	方案1 （维持现状）	方案2 （改善1）	方案3 （改善2）
化肥施用量	维持现有水平 （60千克/亩）	减少50% （30千克/亩）	减少25% （45千克/亩）
农药使用量	维持现有水平 （1千克/亩）	减少60% （0.4千克/亩）	维持现有水平 （1千克/亩）
农业废弃物回收率	维持现有水平 （65%已回收）	维持现有水平 （维持在65%）	增加20个百分点 （达到85%）
您家愿意为此付费（每年）	0元	350元	200元
请投票			

版本5

第一次投票

评估指标	方案1 （维持现状）	方案2 （改善1）	方案3 （改善2）
化肥施用量	维持现有水平 （60千克/亩）	减少75% （15千克/亩）	减少75% （15千克/亩）

续表

评估指标	方案1 （维持现状）	方案2 （改善1）	方案3 （改善2）
农药使用量	维持现有水平 （1千克/亩）	减少60% （0.4千克/亩）	减少30% （0.7千克/亩）
农业废弃物回收率	维持现有水平 （65%已回收）	维持现有水平 （维持在65%）	增加10个百分点 （达到75%）
您家愿意为此付费 （每年）	0元	300元	150元
请投票			

第二次投票

评估指标	方案1 （维持现状）	方案2 （改善1）	方案3 （改善2）
化肥施用量	维持现有水平 （60千克/亩）	减少25% （45千克/亩）	维持现有水平 （60千克/亩）
农药使用量	维持现有水平 （1千克/亩）	维持现有水平 （1千克/亩）	减少60% （0.4千克/亩）
农业废弃物回收率	维持现有水平 （65%已回收）	维持现有水平 （维持在65%）	增加20个百分点 （达到85%）
您家愿意为此付费 （每年）	0元	200元	350元
请投票			

第三次投票

评估指标	方案1 （维持现状）	方案2 （改善1）	方案3 （改善2）
化肥施用量	维持现有水平 （60千克/亩）	减少50% （30千克/亩）	减少25% （45千克/亩）
农药使用量	维持现有水平 （1千克/亩）	维持现有水平 （1千克/亩）	减少30% （0.7千克/亩）

续表

评估指标	方案1 （维持现状）	方案2 （改善1）	方案3 （改善2）
农业废弃物回收率	维持现有水平 （65%已回收）	增加20个百分点 （达到85%）	增加10个百分点 （达到75%）
您家愿意为此付费（每年）	0元	100元	150元
请投票			

版本6

第一次投票

评估指标	方案1 （维持现状）	方案2 （改善1）	方案3 （改善2）
化肥施用量	维持现有水平 （60千克/亩）	减少75% （15千克/亩）	减少75% （15千克/亩）
农药使用量	维持现有水平 （1千克/亩）	维持现有水平 （1千克/亩）	减少60% （0.4千克/亩）
农业废弃物回收率	维持现有水平 （65%已回收）	增加20个百分点 （达到85%）	维持现有水平 （维持在65%）
您家愿意为此付费（每年）	0元	200元	100元
请投票			

第二次投票

评估指标	方案1 （维持现状）	方案2 （改善1）	方案3 （改善2）
化肥施用量	维持现有水平 （60千克/亩）	减少25% （45千克/亩）	维持现有水平 （60千克/亩）
农药使用量	维持现有水平 （1千克/亩）	减少30% （0.7千克/亩）	维持现有水平 （1千克/亩）
农业废弃物回收率	维持现有水平 （65%已回收）	增加20个百分点 （达到85%）	增加10个百分点 （达到75%）

续表

评估指标	方案 1（维持现状）	方案 2（改善 1）	方案 3（改善 2）
您家愿意为此付费（每年）	0 元	250 元	150 元
请投票			

第三次投票

评估指标	方案 1（维持现状）	方案 2（改善 1）	方案 3（改善 2）
化肥施用量	维持现有水平（60 千克/亩）	减少 50%（30 千克/亩）	减少 25%（45 千克/亩）
农药使用量	维持现有水平（1 千克/亩）	减少 30%（0.7 千克/亩）	减少 60%（0.4 千克/亩）
农业废弃物回收率	维持现有水平（65%已回收）	增加 10 个百分点（达到 75%）	维持现有水平（维持在 65%）
您家愿意为此付费（每年）	0 元	300 元	100 元
请投票			

参考文献

一　中文文献

[1] 边沁，2000，《道德与立法原理导论》，商务印书馆。

[2] 蔡银莺、余亮亮，2014，《重点开发区域农田生态补偿的农户受偿意愿分析——武汉市的例证》，《资源科学》，第8期，第1660~1669页。

[3] 蔡银莺、张安录，2007，《武汉市农地非市场价值评估》，《生态学报》，第2期，第763~773页。

[4] 蔡银莺、张安录，2010，《规划管制下农田生态补偿的研究进展分析》，《自然资源学报》，第5期，第868~880页。

[5] 蔡运龙、霍雅勤，2006，《中国耕地价值重建方法与案例研究》，《地理学报》，第10期，第1084~1092页。

[6] 仓恒瑾、许炼峰、李志安、任海，2005，《农业非点源污染控制中的最佳管理措施及其发展趋势》，《生态科学》，第2期，第173~177页。

[7] 操秀英，2011，《我国耕地质量退化至临界水平》，《决策与信息》，第5期，第9页。

[8] 曹明德，2010，《对建立生态补偿法律机制的再思考》，《中国地质大学学报》（社会科学版），第5期，第28~35页。

[9] 曹俊杰，2017，《我国几种工业反哺农业模式比较研究》，

《农村经济》，第3期，第6~12页。
[10] 曹瑞芬、张安录，2014，《湖北省耕地资源净外部性价值量测算及财政转移支付》，《资源科学》，第6期，第1211~1219页。
[11] 曹颖，2011，《无锡太湖区域生态补偿实践分析》，《现代经济探讨》，第8期，第66~69页。
[12] 车越、吴阿娜、赵军、杨凯，2009，《基于不同利益相关方认知的水源地生态补偿探讨——以上海市水源地和用水区居民问卷调查为例》，《自然资源学报》，第10期，第1829~1836页。
[13] 陈传明，2011，《福建武夷山国家级自然保护区生态补偿机制研究》，《地理科学》，第5期，第594~599页。
[14] 陈红、马国勇，2007，《农村面源污染治理的政府选择》，《求是学刊》，第2期，第56~62页。
[15] 陈晓红，2006，《经济发达地区农户兼业及其因素分析——来自苏州农村的实证调查》，《经济与管理研究》，第10期，第90~94页。
[16] 陈展图、杨庆媛，2017，《中国耕地休耕制度基本框架构建》，《中国人口·资源与环境》，第12期，第129~139页。
[17] 褚彩虹、冯淑怡、张蔚文，2012，《农户采用环境友好型农业技术行为的实证分析——以有机肥与测土配方施肥技术为例》，《中国农村经济》，第3期，第68~77页。
[18] 崔伟、龙炳清、陈攀江、熊伟、张滔，2005，《流域管理与开发利用中主要问题的博弈分析》，《四川环境》，第2期，第97~100。
[19] 崔悦、赵凯、贺婧、曲朦，2019，《水稻优生区农户资

本禀赋对其耕地保护决策行为的影响——基于双栏模型的实证研究》,《中国生态农业学报》(中英文),第6期,第959~970页。

[20] 代明、刘燕、陈罗俊,2013,《基于主体功能区划和机会成本的生态补偿标准分析》,《自然资源学报》,第8期,第1310~1317页。

[21] 戴其文、赵雪雁,2010,《生态补偿机制中若干关键科学问题——以甘南藏族自治州草地生态系统为例》,《地理学报》,第4期,第494~506页。

[22] 邓小云,2011,《源头控制:农业面源污染防治的立法原则与制度中心》,《河南师范大学学报》(哲学社会科学版),第5期,第80~83页。

[23] 邓远建、肖锐、严立冬,2015,《绿色农业产地环境的生态补偿政策绩效评价》,《中国人口·资源与环境》,第1期,第120~126页。

[24] 段靖、严岩、王丹寅、董正举、代方舟,2010,《流域生态补偿标准中成本核算的原理分析与方法改进》,《生态学报》,第1期,第221~227页。

[25] 樊辉、赵敏娟,2013,《自然资源非市场价值评估的选择实验法:原理及应用分析》,《资源科学》,第7期,第1347~1354页。

[26] 范明明、李文军,2017,《生态补偿理论研究进展及争论——基于生态与社会关系的思考》,《中国人口·资源与环境》,第3期,第130~137页。

[27] 方松海、孔祥智,2005,《农户禀赋对保护地生产技术采纳的影响分析——以陕西、四川和宁夏为例》,《农业技术经济》,第3期,第35~42页。

[28] 高文军、郭根龙、石晓帅，2015，《基于演化博弈的流域生态补偿与监管决策研究》，《环境科学与技术》，第1期，183~187页。
[29] 戈华清、蓝楠，2014，《我国海洋陆源污染的产生原因与防治模式》，《中国软科学》，第2期，第22~31页。
[30] 葛继红、周曙东，2011，《农业面源污染的经济影响因素分析——基于1978~2009年的江苏省数据》，《中国农村经济》，第5期，第72~81页。
[31] 葛继红、周曙东，2012，《要素市场扭曲是否激发了农业面源污染——以化肥为例》，《农业经济问题》，第3期，第92~98+112页。
[32] 葛继红、周曙东、朱红根、殷广德，2010，《农户采用环境友好型技术行为研究——以配方施肥技术为例》，《农业技术经济》，第9期，第57~63页。
[33] 葛颜祥、梁丽娟、接玉梅，2006，《水源地生态补偿机制的构建与运作研究》，《农业经济问题》，第9期，第22~27页。
[34] 耿翔燕、葛颜祥、张化楠，2018，《基于重置成本的流域生态补偿标准研究——以小清河流域为例》，《中国人口·资源与环境》，第1期，第140~147页。
[35] 郭文献、付意成、张龙飞，2014，《流域生态补偿社会资本模拟》，《中国人口·资源与环境》，第7期，18~22页。
[36] 韩洪云、杨曾旭、蔡书楷，2014，《农业面源污染治理政策设计与选择研究》，浙江大学出版社。
[37] 韩洪云、杨增旭，2010，《农户农业面源污染治理政策接受意愿的实证分析——以陕西眉县为例》，《中国农村经济》，第1期，第45~52页。

[38] 韩洪云、喻永红，2014，《退耕还林生态补偿研究——成本基础、接受意愿抑或生态价值标准》，《农业经济问题》，第4期，第64~72页。

[39] 何浩然、张林秀、李强，2006，《农民施肥行为及农业面源污染研究》，《农业技术经济》，第6期，第2~10页。

[40] 何可、张俊飚、丰军辉，2014，《基于条件价值评估法（CVM）的农业废弃物污染防控非市场价值研究》，《长江流域资源与环境》，第2期，第213~219页。

[41] 何可、张俊飚、田云，2013，《农业废弃物资源化生态补偿支付意愿的影响因素及其差异性分析——基于湖北省农户调查的实证研究》，《资源科学》，第3期，第627~637页。

[42] 何可、张俊飚、张露、吴雪莲，2015，《人际信任、制度信任与农民环境治理参与意愿——以农业废弃物资源化为例》，《管理世界》，第5期，第75~88页。

[43] 何琼、杨敏丽，2015，《我国耕地资源生态补偿机制的框架构建及对策研究》，《价格月刊》，第12期，第86~89页。

[44] 洪晓燕、张天栋，2010，《影响农药利用率的相关因素分析及改进措施》，《中国森林病虫》，第5期，第41~43页。

[45] 侯孟阳、姚顺波，2019，《异质性条件下化肥面源污染排放的EKC再检验——基于面板门槛模型的分组》，《农业技术经济》，第4期，第104~118页。

[46] 胡振华、刘景月、钟美瑞、洪开荣，2016，《基于演化博弈的跨界流域生态补偿利益均衡分析——以漓江流域为例》，《经济地理》，第6期，42~49页。

[47] 胡振通、孔德帅、靳乐山，2016，《草原生态补偿：弱监管下的博弈分析》，《农业经济问题》，第 1 期，第 95~102 页。

[48] 华春林、陆迁、姜雅莉，2015，《引导农户施肥行为在农业面源污染治理中的影响——基于中英项目调查分析》，《科技管理研究》，第 14 期，第 226~230 页。

[49] 华春林、陆迁、姜雅莉、理查德·伍德沃德，2013，《农业教育培训项目对减少农业面源污染的影响效果研究——基于倾向评分匹配方法》，《农业技术经济》，第 4 期，第 83~92 页。

[50] 黄彬彬、王先甲、桂发亮、张晓慧，2011，《不完备信息下生态补偿中主客体的两阶段动态博弈》，《系统工程理论与实践》，第 12 期，第 2419~2424 页。

[51] 黄庆波、戴庆玲、李焱，2013，《中国海洋油气开发的生态补偿机制探讨》，《中国人口·资源与环境》，第 S2 期，第 368~372 页。

[52] 黄伟源，2000，《成本效益分析在区域环境影响评价中的应用》，《中国环境科学》，第 A1 期，第 51~54 页。

[53] 黄忠敬、吴洁、唐立宁，2019，《中国离 2030 年可持续发展教育目标还有多远——基于义务教育课程标准的分析》，《教育研究》，第 2 期，第 140~148 页。

[54] 纪龙、徐春春、李凤博、方福平，2018，《农地经营对水稻化肥减量投入的影响》，《资源科学》，第 12 期，第 2401~2413 页。

[55] 纪月清、张惠、陆五一、刘华，2016，《差异化、信息不完全与农户化肥过量施用》，《农业技术经济》，第 2 期，第 14~22 页。

[56] 冀伟珍，2008，《农业面源污染的原理及其防治的新进展》，《中国西部科技》，第 36 期，第 7~9 页。

[57] 贾秀飞、叶鸿蔚，2016，《秸秆焚烧污染治理的政策工具选择——基于公共政策学、经济学维度的分析》，《干旱区资源与环境》，第 1 期，第 36~41 页。

[58] 焦少俊、单正军、蔡道基、徐宏，2012，《警惕“农田上的垃圾”——农药包装废弃物污染防治管理建议》，《环境保护》，第 18 期，第 42~44 页。

[59] 接玉梅、葛颜祥、徐光丽，2012，《基于进化博弈视角的水源地与下游生态补偿合作演化分析》，《运筹与管理》，第 3 期，第 137~143 页。

[60] 杰弗瑞·杰里、菲利普·瑞尼，2001，《高级微观经济理论》，王根蓓译，上海财经大学出版社。

[61] 金书秦，2017，《农业面源污染特征及其治理》，《改革》，第 11 期，第 55~58 页。

[62] 金书秦、沈贵银、魏珣、韩允垒，2013，《论农业面源污染的产生和应对》，《农业经济问题》，第 11 期，第 97~102 页。

[63] 金书秦、武岩，2014，《农业面源是水体污染的首要原因吗?：基于淮河流域数据的检验》，《中国农村经济》，第 9 期，第 71~81 页。

[64] 金淑婷、杨永春、李博、石培基、魏伟、刘润、王梅梅、卢红，2014，《内陆河流域生态补偿标准问题研究——以石羊河流域为例》，《自然资源学报》，第 4 期，第 610~622 页。

[65] 金艳鸣、黄涛、雷明，2007，《“西电东送”中的生态补偿机制研究——基于三区域可计算一般均衡模型分析》，

《中国工业经济》，第 10 期，第 21~28 页。
[66] 孔祥智、方松海、庞晓鹏、马九杰，2004，《西部地区农户禀赋对农业技术采纳的影响分析》，《经济研究》，第 12 期，第 85~95+122 页。
[67] 匡丽花、叶英聪、赵小敏、郭熙，2018，《基于改进 TOPSIS 方法的耕地系统安全评价及障碍因子诊断》，《自然资源学报》，第 9 期，第 1627~1641 页。
[68] 李昌峰、张娈英、赵广川、莫李娟，2014，《基于演化博弈理论的流域生态补偿研究——以太湖流域为例》，《中国人口·资源与环境》，第 1 期，第 171~176 页。
[69] 李广东、邱道持、王平，2011，《三峡生态脆弱区耕地非市场价值评估》，《地理学报》，第 4 期，第 562~575 页。
[70] 李国敏、卢珂、黄烈佳，2017，《主体权益下耕地非农化价值损失补偿的反思与重构》，《中国人口·资源与环境》，第 12 期，第 140~148 页。
[71] 李国平、石涵予，2015，《退耕还林生态补偿标准、农户行为选择及损益》，《中国人口·资源与环境》，第 5 期，第 152~161 页。
[72] 李海鹏、张俊飚，2009，《中国农业面源污染的区域分异研究》，《中国农业资源与区划》，第 2 期，第 8~12 页。
[73] 李惠梅、张安录，2013，《基于福祉视角的生态补偿研究》，《生态学报》，第 4 期，第 1065~1070 页。
[74] 李京梅、陈琦、姚海燕，2015，《基于选择实验法的胶州湾湿地围垦生态效益损失评估》，《资源科学》，第 1 期，第 68~75 页。
[75] 李景刚、高艳梅、臧俊梅，2014，《农户风险意识对土地流转决策行为的影响》，《农业技术经济》，第 11 期，

第 21~30 页。
[76] 李丽，2015，《美国防治农业面源污染的法律政策工具》，《理论与改革》，第 3 期，第 160~163 页。
[77] 李琪、温武军、王兴杰，2016，《构建森林生态补偿机制的关键问题》，《生态学报》，第 6 期，第 1481~1490 页。
[78] 李文华、李世东、李芬、刘某承，2007，《森林生态补偿机制若干重点问题研究》，《中国人口·资源与环境》，第 2 期，第 13~18 页。
[79] 李文华、刘某承，2010，《关于中国生态补偿机制建设的几点思考》，《资源科学》，第 5 期，第 791~796 页。
[80] 李潇，2018，《基于农户意愿的国家重点生态功能区生态补偿标准核算及其影响因素——以陕西省柞水县、镇安县为例》，《管理学刊》，第 6 期，第 21~31 页。
[81] 李晓平、史恒通、赵敏娟，2016，《黑河流域生态系统服务需求收入弹性分析》，《生态经济》，第 11 期，第 147~151 页。
[82] 李秀芬、朱金兆、顾晓君、朱建军，2010，《农业面源污染现状与防治进展》，《中国人口·资源与环境》，第 4 期，第 81~84 页。
[83] 李颖、葛颜祥、刘爱华、梁勇，2014，《基于粮食作物碳汇功能的农业生态补偿机制研究》，《农业经济问题》，第 10 期，第 33~40 页。
[84] 李玉新、魏同洋、靳乐山，2014，《牧民对草原生态补偿政策评价及其影响因素研究——以内蒙古四子王旗为例》，《资源科学》，第 11 期，第 2442~2450 页。
[85] 梁凡、朱玉春，2018，《资源禀赋对山区农户贫困脆弱性的影响》，《西北农林科技大学学报》（社会科学版），

第3期，第131~140页。

[86] 梁丽娟、葛颜祥、傅奇蕾，2006，《流域生态补偿选择性激励机制——从博弈论视角的分析》，《农业科技管理》，第4期，第49~52页。

[87] 梁流涛、冯淑怡、曲福田，2010，《农业面源污染形成机制：理论与实证》，《中国人口·资源与环境》，第4期，第74~80页。

[88] 刘纪远，2005，《中国西部生态系统综合评估》，气象出版社。

[89] 刘丽，2010，《我国国家生态补偿机制研究》，青岛大学博士学位论文。

[90] 刘雨林，2008，《关于西藏主体功能区建设中的生态补偿制度的博弈分析》，《干旱区资源与环境》，第1期，第7~15页。

[91] 陆新元、汪冬青、凌云、王金南、杨金田、钱小平，1994，《关于我国生态环境补偿收费政策的构想》，《环境科学研究》，第7期，第61~64页。

[92] 罗守进、吕凯、陈磊、朱淼、李立虎，2015，《农业面源污染管控的国外经验》，《世界农业》，第6期，第6~11页。

[93] 罗小娟、冯淑怡、Reidsma Pytrik、石晓平、曲福田，2013，《基于农户生物—经济模型的农业与环境政策响应模拟——以太湖流域为例》，《中国农村经济》，第11期，第72~85页。

[94] 罗小娟、冯淑怡、黄挺、石晓平、曲福田，2014，《测土配方施肥项目实施的环境和经济效果评价》，《华中农业大学学报》（社会科学版），第1期，第86~93页。

[95] 罗小娟、冯淑怡、石晓平、曲福田，2013，《太湖流域农户环境友好型技术采纳行为及其环境和经济效应评价——以测土配方施肥技术为例》，《自然资源学报》，第11期，第1891~1902页。

[96] 马爱慧、蔡银莺、张安录，2012a，《耕地生态补偿相关利益群体博弈分析与解决路径》，《中国人口·资源与环境》，第7期，第114~119页。

[97] 马爱慧、蔡银莺、张安录，2012b，《基于选择实验法的耕地生态补偿额度测算》，《自然资源学报》，第7期，第1154~1163页。

[98] 马爱慧、张安录，2013，《选择实验法视角的耕地生态补偿意愿实证研究——基于湖北武汉市问卷调查》，《资源科学》，第10期，第2061~2066页。

[99] 孟浩、白杨、黄宇驰，2012，《水源地生态补偿机制研究进展》，《中国人口·资源与环境》，第10期，第86~93页。

[100] 闵继胜，2016，《改革开放以来农村环境治理的变迁》，《改革》，第3期，第84~93页。

[101] 闵继胜、孔祥智，2016，《我国农业面源污染问题的研究进展》，《华中农业大学学报》（社会科学版），第2期，第59~66+136页。

[102] 聂英，2015，《中国粮食安全的耕地贡献分析》，《经济学家》，第1期，第83~93页。

[103] 牛海鹏、张安录，2009，《耕地保护的外部性及其测算：以河南省焦作市为例》，《资源科学》，第8期，第1400~1408页。

[104] 欧阳志云、郑华、岳平，2013，《建立我国生态补偿机制

的思路与措施》，《生态学报》，第3期，第686~692页。
[105] 乔丹、陆迁、徐涛，2017，《社会网络、信息获取与农户节水灌溉技术采用——以甘肃省民勤县为例》，《南京农业大学学报》（社会科学版），第4期，第147~155+160页。
[106] 秦天、彭珏、邓宗兵、王炬，2021，《环境分权、环境规制对农业面源污染的影响》，《中国人口·资源与环境》，第2期，第61~70页。
[107] 秦艳红、康慕谊，2007，《国内外生态补偿现状及其完善措施》，《自然资源学报》，第4期，第557~567页。
[108] 仇焕广、栾昊、李瑾、汪阳洁，2014，《风险规避对农户化肥过量施用行为的影响》，《中国农村经济》，第3期，第85~96页。
[109] 曲富国、孙宇飞，2014，《基于政府间博弈的流域生态补偿机制研究》，《中国人口·资源与环境》，第11期，第83~88页。
[110] 全世文、刘媛媛，2017，《农业废弃物资源化利用：补偿方式会影响补偿标准吗?》，《中国农村经济》，第4期，第13~29页。
[111] 全为民、严力蛟，2002，《农业面源污染对水体富营养化的影响及其防治措施》，《生态学报》，第3期，第291~299页。
[112] 饶静、纪晓婷，2011，《微观视角下的我国农业面源污染治理困境分析》，《农业技术经济》，第12期，第11~16页。
[113] 饶静、许翔宇、纪晓婷，2011，《我国农业面源污染现状、发生机制和对策研究》，《农业经济问题》，第8期，

第81~87页。
[114] 任军、边秀芝、郭金瑞、闫孝贡、刘钊剑、朱孝玉、郑中和、杨世清，2010，《我国农业面源污染的现状与对策Ⅰ：农业面源污染的现状与成因》，《吉林农业科学》，第2期，第48~52页。
[115] 任平、洪步庭、马伟龙、苑全治、周介铭，2016，《基于IBIS模型的耕地生态价值估算——以成都崇州市为例》，《地理研究》，第12期，第197~208页。
[116] 施卫明、薛利红、王建国、刘福兴、宋祥甫、杨林章，2013，《农村面源污染治理的“4R”理论与工程实践——生态拦截技术》，《农业环境科学学报》，第9期，第1697~1704页。
[117] 史恒通、睢党臣、吴海霞、赵敏娟，2019，《公众对黑河流域生态系统服务消费偏好及支付意愿研究——基于选择实验法的实证分析》，《地理科学》，第2期，第342~350页。
[118] 世界银行，2008，《2008年世界发展报告：以农业促发展》，清华大学出版社。
[119] 宋敏，2009，《生态补偿机制建立的博弈分析》，《学术交流》，第5期，第83~87页。
[120] 宋敏、韩曼曼，2016，《生态福利视角下的农地城市流转生态补偿机制：研究进展与框架构建》，《农业经济问题》，第11期，第94~103+112页。
[121] 宋文飞、李国平、韩先锋，2015，《生态系统服务价值化：经济理论脉络及现代解读》，《科技管理研究》，第9期，第244~249页。
[122] 宋小青、欧阳竹，2012，《耕地多功能内涵及其对耕地保

护的启示》，《地理科学进展》，第7期，第859~868页。

[123] 宋秀杰，2011，《农业面源污染控制及保护》，化学工业出版社。

[124] 宋燕平、费玲玲，2013，《我国农业环境政策演变及脆弱性分析》，《农业经济问题》，第10期，第9~14+110页。

[125] 谭秋成，2012，《丹江口库区化肥施用控制与农田生态补偿标准》，《中国人口·资源与环境》，第3期，第128~133页。

[126] 谭婉冰，2018，《基于强互惠理论的湘江流域生态补偿演化博弈研究》，《湖南社会科学》，第3期，第163~170页。

[127] 谭永忠、陈佳、王庆日、牟永铭、刘怡、施雅娟，2012，《基于选择试验模型的基本农田非市场价值评估——以浙江省德清县为例》，《自然资源学报》，第11期，第1981~1994页。

[128] 唐秀美、陈百明、刘玉、潘瑜春、孙超、任艳敏，2016，《耕地生态价值评估研究进展分析》，《农业机械学报》，第9期，第256~265页。

[129] 唐学玉、张海鹏、李世平，2012，《农业面源污染防控的经济价值——基于安全农产品生产户视角的支付意愿分析》，《中国农村经济》，第3期，第53~67页。

[130] 佟新华，2014，《日本水环境质量影响因素及水生态环境保护措施研究》，《现代日本经济》，第5期，第85~94页。

[131] 汪国华，2012，《大共同体与差序格局互构：我国农村点源污染治理困境研究》，《中国农业大学学报》（社会

科学版)，第 1 期，第 45~50 页。

[132] 王常伟、顾海英，2013，《市场 vs 政府：什么力量影响了我国菜农农药用量的选择?》，《管理世界》，第 11 期，第 50~66 页。

[133] 王超、贾伯阳、黄燚、何文战、牛玉龙、卢晶莹、江敏敏、何方怡，2022，《典型山地城市河流沉积物重金属生态风险评价及来源解析》，《长江流域资源与环境》，第 11 期，第 2526~2535 页。

[134] 王德凡，2017，《内在需求、典型方式与主体功能区生态补偿机制创新》，《改革》，第 12 期，第 93~101 页。

[135] 王飞翔、董红、高琪，2015，《中国生态效益补偿 ACP 方式比较研究》，《世界农业》，第 8 期，第 195~199 页。

[136] 王军锋、侯超波，2013，《中国流域生态补偿机制实施框架与补偿模式研究——基于补偿资金来源的视角》，《中国人口·资源与环境》，第 2 期，第 23~29 页。

[137] 王军锋、吴雅晴、姜银萍、张墨，2017，《基于补偿标准设计的流域生态补偿制度运行机制和补偿模式研究》，《环境保护》，第 7 期，第 38~43 页。

[138] 王凯军、高志勇、贾晨夜、张国臣，2016，《农村（农业）面源污染防治可行技术案例汇编》，中国环境出版社。

[139] 王圣云、沈玉芳，2011，《从福利地理学到福祉地理学：研究范式重构》，《世界地理研究》，第 2 期，第 162~168 页。

[140] 王仕菊、黄贤金、陈志刚、谭丹、王广洪，2008，《基于耕地价值的征地补偿标准》，《中国土地科学》，第 11 期，第 44~50 页。

[141] 王雅敬、谢炳庚、李晓青，2016，《公益林保护区生态补偿标准与补偿方式》，《应用生态学报》，第6期，第1893~1900页。

[142] 王衍亮，2015，《打好农业面源污染防治攻坚战　促进农业可持续发展》，中国政府网，https://www.gov.cn/zhengce/2015-08/18/content_2914857.htm。

[143] 温薇、田国双，2017，《生态文明时代的跨区域生态补偿协调机制研究》，《经济问题》，第5期，第84~88页。

[144] 吴义根、冯开文、李谷成，2017，《人口增长、结构调整与农业面源污染——基于空间面板STIRPAT模型的实证研究》，《农业技术经济》，第3期，第77~89页。

[145] 武淑霞、刘宏斌、刘申、王耀生、谷保静、金书秦、雷秋良、翟丽梅、王洪媛，2018，《农业面源污染现状及防控技术》，《中国工程科学》，第5期，第23~30页。

[146] 夏秋、李丹、周宏，2018，《农户兼业对农业面源污染的影响研究》，《中国人口·资源与环境》，第12期，第131~138页。

[147] 肖建红、王敏、于庆东、刘娟，2015，《基于生态足迹的大型水电工程建设生态补偿标准评价模型——以三峡工程为例》，《生态学报》，第8期，第2726~2740页。

[148] 肖新成，2015，《农户对农业面源污染认知及其环境友好型生产行为的差异分析——以江西省袁河流域化肥施用为例》，《环境污染与防治》，第9期，第104~109页。

[149] 肖新成、何丙辉、倪九派、谢德体，2014，《三峡生态屏障区农业面源污染的排放效率及其影响因素》，《中国人口·资源与环境》，第11期，第60~68页。

[150] 谢高地、甄霖、鲁春霞、肖玉、陈操，2008，《一个基

于专家知识的生态系统服务价值化方法》，《自然资源学报》，第5期，第911~919页。

[151] 信桂新、杨朝现、魏朝富、陈荣蓉，2015，《人地协调的土地整治模式与实践》，《农业工程学报》，第19期，第262~275页。

[152] 邢美华、黄光体、张俊飚，2007，《森林资源价值评估理论方法和实证研究综述》，《西北农林科技大学学报》(社会科学版)，第5期，第30~35页。

[153] 徐大伟、涂少云、常亮、赵云峰，2012，《基于演化博弈的流域生态补偿利益冲突分析》，《中国人口·资源与环境》，第2期，第8~14页。

[154] 徐涛、姚柳杨、乔丹、陆迁、颜俨、赵敏娟，2016，《节水灌溉技术社会生态效益评估——以石羊河下游民勤县为例》，《资源科学》，第10期，第1925~1934页。

[155] 徐涛、赵敏娟、乔丹、史恒通，2018，《外部性视角下的节水灌溉技术补偿标准核算——基于选择实验法》，《自然资源学报》，第7期，第1116~1128页。

[156] 徐涛、赵敏娟、乔丹、姚柳杨、颜俨，2018，《农户偏好与“两型技术”补贴政策设计》，《西北农林科技大学学报》(社会科学版)，第4期，第109~118页。

[157] 徐永田，2011，《水源保护中生态补偿方式研究》，《中国水利》，第8期，第28~30页。

[158] 薛利红、杨林章、施卫明、王慎强，2013，《农村面源污染治理的“4R”理论与工程实践——源头减量技术》，《农业环境科学学报》，第5期，第881~888页。

[159] 严奉宪、张琪，2017，《社会资本对农业减灾公共品支付意愿的影响——基于湖北省三个县的实证研究》，

《农业经济问题》，第 6 期，第 7+61~68 页。
[160] 颜廷武、张童朝、何可、张俊飚，2017，《作物秸秆还田利用的农民决策行为研究——基于皖鲁等七省的调查》，《农业经济问题》，第 4 期，第 39~48+110~111 页。
[161] 杨慧、刘立晶、刘忠军、商稳奇、曲晓健，2014，《我国农田化肥施用现状分析及建议》，《农机化研究》，第 9 期，第 260~264 页。
[162] 杨欣、MichaelBurton、张安录，2016，《基于潜在分类模型的农田生态补偿标准测算——一个离散选择实验模型的实证》，《中国人口·资源与环境》，第 7 期，第 27~36 页。
[163] 杨欣、蔡银莺，2012，《农田生态补偿方式的选择及市场运作——基于武汉市 383 户农户问卷的实证研究》，《长江流域资源与环境》，第 5 期，第 591~596 页。
[164] 杨新荣，2014，《湿地生态补偿及其运行机制研究——以洞庭湖区为例》，《农业技术经济》，第 2 期，第 103~113 页。
[165] 杨云彦、石智雷，2008，《南水北调工程水源区与受水区地方政府行为博弈分析——基于利益补偿机制的建立》，《贵州社会科学》，第 1 期，第 102~107 页。
[166] 杨正勇、张新铮、杨怀宇，2015，《基于生态系统服务价值的池塘养殖生态补偿政策研究——以上海地区为例》，《生态经济》，第 3 期，第 151~156 页。
[167] 杨志清，2006，《农药污染对农业劳动者健康的危害》，《中国农学通报》，第 1 期，第 331~334 页。
[168] 姚柳杨、赵敏娟、徐涛，2017，《耕地保护政策的社会福利分析：基于选择实验的非市场价值评估》，《农业

经济问题》，第 2 期，第 6+37~45 页。

[169] 于富昌、葛颜祥、李伟长，2013，《水源地生态补偿各主体博弈及其行为选择》，《山东农业大学学报》（社会科学版），第 2 期，第 86~90 页。

[170] 余海、任勇，2008，《中国生态补偿：概念、问题类型与政策路径选择》，《中国软科学》，第 6 期，第 7~15 页。

[171] 俞海、任勇，2007，《流域生态补偿机制的关键问题分析——以南水北调中线水源涵养区为例》，《资源科学》，第 2 期，第 28~33 页。

[172] 袁伟彦、周小柯，2014，《生态补偿问题国外研究进展综述》，《中国人口·资源与环境》，第 11 期，第 76~82 页。

[173] 占华，2016，《博弈视角下政府污染减排补贴政策选择的研究》，《财贸经济》，第 4 期，第 30~42 页。

[174] 张诚谦，1987，《论可更新资源的有偿利用》，《农业现代化研究》，第 5 期，第 22~24 页。

[175] 张捷、王海燕，2020，《社区主导型市场化生态补偿机制研究——基于“制度拼凑”与“资源拼凑”的视角》，《公共管理学报》，第 3 期，第 126~138+174 页。

[176] 张利国，2011，《农户从事环境友好型农业生产行为研究——基于江西省 278 份农户问卷调查的实证分析》，《农业技术经济》，第 6 期，第 114~120 页。

[177] 张淑荣、陈利顶、傅伯杰，2001，《农业区非点源污染敏感性评价的一种方法》，《水土保持学报》，第 2 期，第 56~59 页。

[178] 张维理、武淑霞、冀宏杰、Kolbe，2004，《中国农业面源污染形势估计及控制对策Ⅰ：21 世纪初期中国农业

面源污染的形势估计》,《中国农业科学》,第 7 期,第 1008~1017 页。
[179] 张维理、徐爱国、冀宏杰,2004,《中国农业面源污染形势估计及控制对策Ⅲ:中国农业面源污染控制中存在问题分析》,《中国农业科学》,第 7 期,第 1026~1033 页。
[180] 张维迎,2004,《博弈论与信息经济学》,上海人民出版社。
[181] 张玮、方敏瑜、张建锋、李雪涛、陈光才、潘春霞,2011,《塘渠—湿地复合系统治理农业面源污染研究》,《林业科学研究》,第 1 期,第 116~122 页。
[182] 张印、周羽辰、孙华,2012,《农田氮素非点源污染控制的生态补偿标准——以江苏省宜兴市为例》,《生态学报》,第 23 期,第 7327~7335 页。
[183] 张永勋、刘某承、闵庆文、袁正、李静、樊淼,2015,《农业文化遗产地有机生产转换期农产品价格补偿测算——以云南省红河县哈尼梯田稻作系统为例》,《自然资源学报》,第 3 期,第 374~383 页。
[184] 张忠明、钱文荣,2014,《不同兼业程度下的农户土地流转意愿研究——基于浙江的调查与实证》,《农业经济问题》,第 3 期,第 19~24 页。
[185] 赵同科、张强,2004,《农业非点源污染现状、成因及防治对策》,全国农业面源污染与综合防治学术研讨会。
[186] 赵文、程杰,2014,《农业生产方式转变与农户经济激励效应》,《中国农村经济》,第 2 期,第 4~19 页。
[187] 赵旭、王桃,2014,《我国国际河流水路运输资源开发权益保障机制构建——基于澜沧江—湄公河的分析》,

《中国软科学》，第 8 期，第 111~119 页。

[188] 赵雪雁、董霞、范君君、戴其文，2010，《甘南黄河水源补给区生态补偿方式的选择》，《冰川冻土》，第 1 期，第 204~210 页。

[189] 赵佐平、闫莎、同延安、魏样，2012，《汉江流域上游生态环境现状及治理措施》，《水土保持通报》，第 5 期，第 32~36 页。

[190] 郑伟、石洪华，2009，《海洋生态系统服务的形成及其对人类福利的贡献》，《生态经济》，第 3 期，第 178~180 页。

[191] 中国环境意识项目办，2008，《2007 年全国公众环境意识调查报告》，《世界环境》，第 2 期，第 72~77 页。

[192] 中国生态补偿机制与政策研究课题组，2007，《中国生态补偿机制与政策研究》，科学出版社。

[193] 中国政府网，2005，《中共中央　国务院关于推进社会主义新农村建设的若干意见》，https://www.gov.cn/test/2008-08/20/content_1075348.htm。

[194] 朱红波，2009，《我国耕地资源安全保障主体的行为倾向与博弈关系》，《中国人口·资源与环境》，第 1 期，第 82~87 页。

[195] 朱媛媛、刘琰、周北海、江秋枫、吴德文，2016，《丹江口水库流域氮素时空分布特征》，《中国环境监测》，第 2 期，第 50~57 页。

[196] 朱媛媛、田进军、李红亮、江秋枫、刘琰，2016，《丹江口水库水质评价及水污染特征》，《农业环境科学学报》，第 1 期，第 139~147 页。

[197] 朱兆良、David Norse、孙波，2006，《中国农业面源污

染控制对策》，中国环境科学出版社。

[198] 诸大建、张帅，2014，《生态福利绩效与深化可持续发展的研究》，《同济大学学报》（社会科学版），第 5 期，第 106~115 页。

[199] 庄国泰、高鹏、王学军，1995，《中国生态环境补偿费的理论与实践》，《环境科学》，第 15 期，第 413~418 页。

二 外文文献

[1] Adamowicz W, Boxall P, Louviere W J. 1998. Stated preference approaches for measuring passive use values: Choice experiments and contingent valuation. American Journal of Agricultural Economics, 80 (1): 64-75.

[2] Agency E E. 2010. Scaling up ecosystem benefits: a contribution to the Economics of Ecosystems and Biodiversity (TEEB) study. Office for Official Publications of the European Union.

[3] Anderson T L, Leal D R. 2000. 环境资本运营——生态效益与经济效益的统一. 清华大学出版社.

[4] Baltas G, 2004. A model for multiple brand choice. European Journal of Operational Research, 154 (1): 144-149.

[5] Beharry-Borg N, Smart J C R, Termansen M. 2013. Evaluating farmers' likely participation in a payment programme for water quality protection in the UK uplands. Regional Environmental Change, 13 (3): 633-647.

[6] Boers P C M. 1996. Nutrient emissions from agriculture in the netherlands, causes and remedies. Water Science & Technology, 33 (4): 183-189.

[7] Briassoulis D, Hiskakis M, Babou E, et al. 2012. Experimental

investigation of the quality characteristics of agricultural plastic wastes regarding their recycling and energy recovery potential. Waste Management, 32: 1075–1090.

[8] Carpenter S R, Caraco N F, Correll D L, et al. 1998. Nonpoint pollution of surface waters with phosphorus and nitrogen. Ecological Applications, 8 (3): 559–568.

[9] Carson R T, Flores N E, Meade N F. 2001. Contingent valuation: controversies and evidence. Environmental and Resource Economics, 19 (2): 173–210.

[10] Caruso B S, O' Sullivan, Aisling D, et al. 2013. Agricultural diffuse nutrient pollution transport in a mountain wetland complex. Water, Air, & Soil Pollution, 224 (10): 1695–3353.

[11] Choumert J, Phélinas P. 2015. Determinants of agricultural land values in argentina. Ecological Economics, 110: 134–140.

[12] Claassen R, Cattaneo A, Johansson R. 2008. Cost-effective design of agri-environmental payment programs: U. S. experience in theory and practice. Ecological Economics, 65 (4): 737–752.

[13] Clark A E, Frijters P, Shields M A. 2008. Relative income, happiness and utility: an explanation for the easterlin paradox and other puzzles. Journal of Economic Literature, 46 (1): 95–144.

[14] Collentine D. 2002. Search for the northwest passage: the assignation of NSP (non-point source pollution) rights in nutrient trading programs. Water Science and Technology, 45

(9): 227-234.

[15] Commission on Global Governance. 1995. Our global neighborhood: the report of the Commission on Global Governance. https://www.gdrc.org/u-gov/global-neighbourhood/chap1.htm.

[16] Costanza R, Ralph A, Rudolf D G, et al. 1997. The value of the world's ecosystem services and natural capital. Nature, 15: 253-260.

[17] Davide G. 2007. An approach based on spatial multicriteria analysis to map the nature conservation value of agricultural land. Journal of Environmental Management, 83 (2): 228-235.

[18] Diener E. 1995. A value based index for measuring national quality of life. Social Indicators Research, 36 (2): 107-127.

[19] Dietz S, Atkinson G. 2010. The equity-efficiency trade-off in environmental policy: evidence from stated preferences. Land Economics, 86 (3): 423-443.

[20] Engel S, Pagiola S, Wunder S. 2008. Designing payments for environmental services in theory and practice: An overview of the issues. Ecological Economics, 65 (4): 663-674.

[21] Friedman D. 1998. On economic applications of evolutionary game theory. Journal of Evolutionary Economics, 8 (1): 15-43.

[22] Garcia L C, Ribeiro D B, Fabio D O R, et al. 2016. Brazils, worst mining disaster: corporations must be compelled to pay the actual environmental costs. Ecological Applications, 27

(1): 5-9.

[23] Gardner B D. 1977. The economics of agricultural land preservation. American Journal of Agricultural Economics, 59 (5): 1027-1036.

[24] Gregoire C, Elsaesser D, Huguenot D, et al. 2009. Mitigation of agricultural nonpoint-source pesticide pollution in artificial wetland ecosystems. Environmental Chemistry Letters, 7 (3): 205-231.

[25] Guignet D. 2012. The impacts of pollution and exposure pathways on home values: A stated preference analysis. Ecologica Economics, 82: 53-63.

[26] Gymer R. 1970. Study of critical environmental problems, man's impact on the global environment: Assessment and recommendations for action. Massachusetts: MIT Press. Cambridge.

[27] Halliday S J, Skeffington R A, Bowes M J, et al. 2014. The water quality of the River Enborne, UK: Observations from high-frequency monitoring in a rural, lowland river system. Water, 6: 150-180.

[28] Hanley N, Wright R E, Adamowicz V. 1998. Using choice experiments to value the environment. Environmental and Resource Economics, 11: 413-428.

[29] Hediger W, Lehmann B. 2007. Multifunctional agriculture and the preservation of environmental benefits. Swiss Journal of Economics and Statistics, 143 (4): 449-470.

[30] He K, Zhang J B, Zeng Y M, Zhang L. 2016. Households' willingness to accept compensation for agricultural waste re-

cycling: taking biogas production from livestock manure waste in Hubei, P. R. China as an example. Journal of Cleaner Production, 131: 410-420

[31] Hole A R. 2007. Fitting mixed logit models by using maximum simulated likelihood. Stata Journal, 17: 388-401.

[32] Hoyos D. 2010. The state of the art of environmental valuation with discrete choice experiments. Ecological Economics, 69 (8): 1595-1603.

[33] Hughes-Popp H J S. 1997. Theory and Practice of pollution credit trading in water quality management. Review of Agricultural Economics, 19 (2): 252-262.

[34] Ichiki A, Yamada K. 1999. Study on characteristics of pollutant runoff into Lake Biwa, Japan. Water Science and Technology, 39 (12): 17-25.

[35] Ives C D, Kendal D. 2013. Values and attitudes of the urban public towards peri-urban agricultural land. Land Use Policy, 34: 80-90.

[36] Jabbar F K, Grote K. 2019. Statistical assessment of nonpoint source pollution in agricultural watersheds in the Lower Grand River watershed, MO, USA. Environmental Science and Pollution Research, 26: 1487-1506.

[37] Jackson L E, Pulleman M M, Brussaard L, et al. 2012. Social-ecological and regional adaptation of agrobiodiversity management across a global set of research regions. Global Environmental Change, 22 (3): 623-639.

[38] Jin J, Jiang C, Lun L I. 2003. The economic valuation of cultivated land protection: A contingent valuation study in

Wenling City, China. Landscape & Urban Planning, 119: 158-164.

[39] Johnston R J, Duke J M. 2007. Willingness to pay for agricultural land preservation and policy process attributes: does the method matter? American Journal of Agricultural Economics, 89 (4): 1098-1115.

[40] Johnston R J, Rosenberger R S. 2010. Methods, trends and controversies in contemporary benefit transfer. Journal of Economic Surveys, 24: 479-510.

[41] Johnston R J, Swallow S K, Bauer D M. 2002. Spatial factors and stated preference values for public goods: Considerations for rural land use. Land Economics, 78 (4): 481-500.

[42] Junakova N, Balintova M, Vodicka R, Junak J. 2018. Prediction of reservoir sediment quality based on erosion processes in watershed using mathematical modelling. Environments, 5: 1-12.

[43] Kopmann A, Rehdanz K. 2013. A human well-being approach for assessing the value of natural land areas. Ecological Economics, 93: 20-33.

[44] Kopp R J, Krupnick A. 1987. Agricultural policy and the benefits of ozone control. American Journal of Agricultural Economics, 69 (5): 956-962.

[45] Lancaster K J. 1966. A new approach to consumer theory. Journal of Political Economy, 74 (2): 132-157.

[46] Levinson A. 2012. Valuing public goods using happiness data: the case of air quality. Journal of Public Economics, 96: 9-10.

[47] Li X P, Liu W X, Yan Y, Fan G Y, et al. 2019. Rural households' willingness to accept compensation standards for controlling agricultural non-point source pollution: A case study of the qinba water source area in Northwest China. Water, 11 (6): 1251.

[48] Mann M L, Bauer D M, Gopal S, et al. 2012. Ecosystem service value and agricultural conversion in the amazon: implications for policy intervention. Environmental & Resource Economics, 53 (2): 279-295.

[49] MA (The Millennium Ecosystem Assessment). 2005. Ecosystems and human well-being: a framework for assessment. Washington, DC: Island Press.

[50] McFadden D. 1974. Conditional logit analysis of qualitative choice behavior. Frontiers in Econometrics: 105-142.

[51] Merlo M, Briales E R. 2000. Public goods and externalities linked to mediterranean forests: economic nature and policy. Land Use Policy, 17 (3): 197-208.

[52] Mobarak A M, Rosenzweig M R. 2012. Selling formal insurance to the informally insured. Economics Department Working Papers.

[53] Moro M, Brereton F, Ferreir S, Clinch J P. 2008. Ranking quality of life using subjective well-being data. Ecological Economics, 65 (3), 448-460.

[54] Mulla D J, Page A L, Gange T J. 1980. Cadmium accumulation and bioavailability in soils from long-term phosphorus fertilization. Journal of Environmental Quality, 9: 408-412.

[55] Munafò M, Cecchi G, Baiocco F, et al. 2005. River pollu-

tion from non-point sources: a new simplified method of assessment. Journal of Environmental Management, 77 (2): 93-98.

[56] Mutandwa E, Grala R K, Petrolia D R. 2019. Estimates of willingness to accept compensation to manage pine stands for ecosystem services. Forest Policy and Economics, 102: 75-85.

[57] Novotny V, Olem H. 1994. Water quality: Prevention, identification and management of diffuse pollution. New York: Van Nostrand Reinhold Company.

[58] Pagiola S, Platais G. 2007. Payments for environmental services: from theory to practice. World Bank, Washington.

[59] Panagopoulos Y, Makropoulos C, Mimikou M. 2011. Reducing surface water pollution through the assessment of the cost-effectiveness of BMPs at different spatial scales. Journal of Environmental Management, 92 (10): 2823-2835.

[60] Phong T K, Inoue T, Yoshino K, et al. 2012. Temporal trend of pesticide concentrations in the chikugo river (Japan) with changes in environmental regulation and field infrastructure. Agricultural Water Management, 113: 96-104.

[61] Pigou A C. 2002. The economics of welfare. New Jersey: Transaction Publishers.

[62] Pigou A C. 1920. The economics of welfare, 4th. London: Macnillam.

[63] Prescott-Allen R. 2001. The Wellbeing of Nations. Washington DC: Island Press.

[64] Psaltopoulos D, Wade A J, Skuras D, et al. 2017. False

positive and false negative errors in the design and implementation of agri-environmental policies: A case study on water quality and agricultural nutrients. Science of the Total Environment, 575: 1087-1099.

[65] Quan S W. 2016. Advances in selective experimental methods. Economics Information, 1: 127-141.

[66] Quan W M, Yan L J. 2002. Effects of agricultural non-point source pollution on eutrophication of water body and its control measure. Acta Ecologica Sinica, 22 (3): 291-299.

[67] Ready R, Buzby J, Hu D. 1996. Differences between continuous and discrete contingent valuation estimates. Land Economics, 72 (3): 397-411.

[68] Rojas C, Pino J, Basnou C, Vivanco M. 2013. Assessing land-use and cover changes in relation to geographic factors and urban planning in the metropolitan area of concepción (chile) implications for biodiversity conservation. Applied Geography, 39: 93-103.

[69] Rolfe J, Bennett J. 2009. The impact of offering two versus three alternatives in choice modelling experiments. Ecological Economics, 68 (4): 1140-1148.

[70] Romy G. 2015. Motivations and attitudes influence farmers' willingness to participate in biodiversity conservation contracts. Agricultural Systems, 137: 154-165.

[71] Schaffner M, Bader H P, Scheidegger R. 2009. Modeling the contribution of point sources and non-point sources to Thachin River water pollution. Science of the Total Environment, 407 (17): 4902-4915.

[72] Schneider A, Kucharik L C. 2012. Impacts of urbanization on ecosystem goods and services in the U. S. corn belt. Ecosystems, 15 (4): 519–541.

[73] Schultz E T, Johnston R J, Segerson K, Besedin E Y. 2012. Integrating ecology and economics for restoration: Using ecological indicators in valuation of ecosystem services. Restoration Ecology, 20 (3): 304–310.

[74] Segerson K. 2006. Uncertainty and incentives for nonpoint pollution control. Journal of Environmental Economics and Management, 15 (1): 87–98.

[75] Slovic P. 1993. Perceived risk, trust and democracy. Risk Analysis, 13 (6): 675–682.

[76] Smith J M. 1974. The theory of games and the evolution of animal conflicts. Journal of Theoretical Biology, 47 (1): 209–221.

[77] Sutton N J, Cho S, Armsworth P R. 2016. A reliance on agricultural land values in conservation planning alters the spatial distribution of priorities and overestimates the acquisition costs of protected areas. Biological Conservation, 194: 2–10.

[78] Swinton S M, Lupi F, Robertson G P, et al. 2007. Ecosystem services and agriculture: cultivating agricultural ecosystems for diverse benefits. Ecological Economics, 64 (2): 245–252.

[79] Turner R K, Bergh V A, Jereon C, et al. 2000. Ecological-economic analys is of wetlands: scientific integration for management and policy. Ecological Economics, 35 (1): 7–23.

[80] United Nations Environmental Program (UNEP). 1998. Human

development report 1998. New York: Oxford University Press.

[81] Urama K C, Hodge I D. 2006. Are stated preferences convergent with revealed preferences? Empirical evidence from Nigeria. Ecological Economics, 59 (1): 24-37.

[82] US Environmental Protection Agency. 2003. Non-point source pollutionfrom agriculture. http://water. epa. gov/polwaste/nps/agriculture/agmm_index. cfm.

[83] Wünscher T, Engel S, Wunder S. 2008. Spatial targeting of payments for environmental services: A tool for boosting conservation benefits. Ecological Economics, 65 (4): 822-833.

[84] Wolpert R L, Ickstadt K. 1998. Analysis of multivariate probit models. Biometrika, 85 (2): 347-361.

[85] Yao L Y, Zhao M J, Cai Y, et al. 2018. Public preferences for the design of a farmland retirement Project: using choice experiments in urban and rural areas of Wuwei, China. Sustainability, 10: 1579-1594.

[86] Zhao M J, Johnston R J, Schultz E T. 2013. What to value and how? Ecological indicator choices in stated preference valuation. Environmental and Resource Economics, 56: 3-25.